읽자마자 보이는

세계 지리 사전

세상의 흐름이 보이고
지리 문해력이 높아지는
세계지리 수업

이찬희 지음

보누스

머리말

지리(地理)란 인간이 도달할 수 있는 땅 위에서 일어나는 모든 현상을 연구하는 학문입니다. 지리라는 학문이 처음 등장해 발전한 시기는 대항해시대입니다. 이때는 단순히 항해를 위해 어떤 지역의 지형, 기후, 인구수, 도시 형태, 종교, 자원 매장량 등을 관찰하고 기록하는 정도였습니다. 이제 이러한 요소들은 검색 한 번으로 찾을 수 있는 단편적인 정보가 되었죠.

그렇다면 지리는 이제 더는 중요한 학문이 아닐까요? 절대 그렇지 않습니다. 오늘날에는 여러 정보를 종합해서 '이 지역에서 왜 이런 현상이 일어났을까?'를 알아내는 것이 매우 중요해졌고, 이때 가장 필요한 학문이 바로 지리입니다.

예시를 한 번 들어볼까요? 사람들에게 영국에서 산업혁명이 발생한 이유를 물어보면, 대부분은 영국에 석탄과 증기기관이 있었기 때문이라고 대답합니다. 그렇다면 영국보다 석탄이 훨씬 더 많이 매장되어 있는 중국에서는 왜 산업혁명이 일어나지 않았을까요?

영국에서 석탄은 지하에 매장되어 있는 경우가 많았고, 중국에서는 산지에 매장되어 있는 경우가 많았습니다. 중국에서 석탄을 채

굴할 때는 산을 깎아내리기만 하면 됐지만, 영국은 지하로 내려가면서 채굴해야 했기 때문에 지하수를 만날 수밖에 없었습니다. 그런데 지하수를 인간의 힘으로만 퍼내기는 불가능했고, 지하수를 퍼내기 위해 증기기관이 발명되었죠.

또한 석탄은 무게가 많이 나가는 자원입니다. 영국에서는 석탄을 운반할 때 수운(水運) 교통을 적극적으로 활용했습니다. 1년 내내 비가 고르게 내리는 영국의 기후 덕분에 강물은 연중 일정한 수위를 유지했고, 이는 곧 수운 교통 발달로 이어졌습니다. 덕분에 석탄을 효율적으로 운반할 수 있었죠. 하지만 중국은 계절풍의 영향으로 계절별 강수 편차가 컸고, 하천 유량이 1년 내내 유지되지 않아 석탄을 옮길 만큼의 수운 교통이 발달하지 못했습니다. 이처럼 지리적인 관점으로 봐야 특정 현상을 정확히 분석할 수 있는 것이죠.

우리가 알고 있는 모든 현상에는 반드시 지리적 사고가 숨어 있습니다. 러시아와 우크라이나의 전쟁, 미국과 중국의 무역 분쟁, 서남아시아에서 발생하는 크고 작은 전쟁을 비롯해 세계에서는 점점 다양한 일들이 일어나고 있습니다. 이 책은 세계 곳곳의 다양한 현상들을 지리적으로 관찰합니다. 알아두면 좋을 지리 내용들을 쉽게 설명하는 동시에 최대한 지리적으로 현상을 바라볼 수 있도록 서술했습니다. 책을 읽고 나면 세계에서 일어나는 일들을 '지리적으로' 분석하는 눈이 생길 겁니다.

항상 응원해 주는 사랑하는 가족들, 저의 지리적 호기심을 채워준 김영래 교수님과 지평 선생님들, 유튜브에서 강의를 하는 제게 책 집필을 권유해 주신 채선희 과장님, 마감까지 최선을 다해 힘써주신 윤성하 대리님과 출판사 관계자분들 덕분에 책이 나올 수 있었습니다. 언급하지 못한 모든 분들께도 감사의 말씀을 드립니다.

그럼 세계의 다양한 현상들을 지리적으로 관찰하러 가볼까요?

이찬희

차례

3장 | 북부 아메리카

4장 | 중·남부 아메리카

5장 | 아프리카

6장 | 오세아니아와 극지방

세계지리 여행을 떠나기 전
알아야 할 것들

지구를 어떻게 나눌 수 있을까요?

지구를 나누는 가장 일반적인 기준은 바로 '5대양 6대주'입니다. 5대양이란 5개의 큰 바다를 의미하고, 6대주란 6개의 큰 대륙을 의미합니다. 지구는 육지와 바다로 구성되어 있는데 이를 지리적·문화적 기준으로 나눈 것이지요. 5대양은 태평양, 대서양, 인도양, 북극해, 남극해를 가리키고, 6대주는 아시아, 유럽, 아프리카, 북아메리카, 남아메리카, 오세아니아를 가리킵니다.●

대륙을 어떻게 구분하는지 한번 살펴볼까요? 아시아와 유럽은 지리적으로 유라시아라고 불리는 한 대륙에 있지만, 문화적 특성을 강조하기 위해 러시아의 우랄산맥을 기준으로 서쪽은 유럽, 동쪽은

● 지구의 육지와 바다를 나누는 기준은 3대양 5대주, 5대양 5대주 등 지리적·문화적 기준 등에 따라 변할 수 있습니다. 이 책에서는 가장 많이 쓰이는 5대양 6대주를 기준으로 설명합니다.

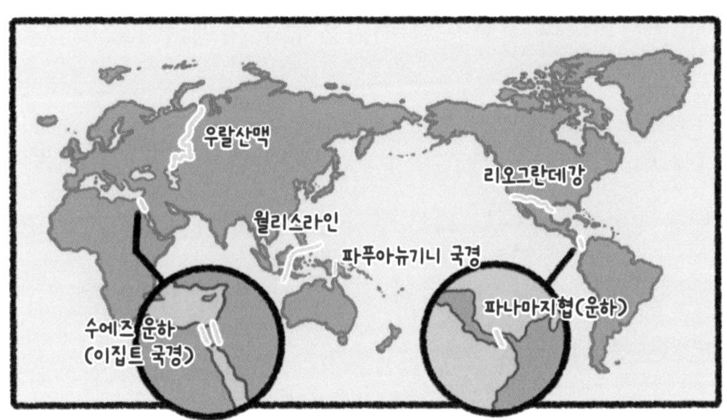

대륙의 경계가 구분되는 지점들

아시아로 구분합니다. 아시아와 아프리카는 이집트에 있는 수에즈 운하와 이집트 국경을 기준으로 나누고, 아시아와 오세아니아는 월리스라인[•] 혹은 파푸아뉴기니 국경을 기준으로 구분합니다. 참고로 오세아니아[•]는 오스트레일리아와 뉴질랜드, 태평양의 섬들까지 모두 포함하는 지역을 의미합니다.

아메리카는 파나마 지협(운하)을 경계로 북아메리카와 남아메리카로 나뉩니다. 하지만 북아메리카와 남아메리카로만 나누기에는 아메리카 대륙이 남북으로 너무 길기 때문에 미국과 멕시코 국경 지역에 있는 리오그란데강을 경계로 북쪽은 북부 아메리카, 리오그란데강 이남부터 파나마 지협 지역과 카리브해 연안에 있는 국가들은 중

• 동식물의 범위에 따라 구분한 임의의 선을 말합니다. 이 선을 기준으로 아시아에 서식하는 동식물과 오세아니아에 서식하는 동식물이 다르다고 합니다.

• 사실 오세아니아는 대륙을 지칭하는 용어가 아닙니다. 지리적으로는 호주 대륙만 대륙이라고 부를 수 있고, 주변 섬들은 대륙으로 볼 수 없습니다. 하지만 우리는 편의상 호주 대륙과 태평양 주변 섬들을 모두 오세아니아라고 부르고, 6대주에 포함해서 분류하고 있습니다.

부 아메리카, 파나마 지협 이남 지역은 남부 아메리카로 나눠 구분하기도 합니다.

이때 북부 아메리카는 과거 유럽에서 이주해 온 앵글로색슨족의 영향을 많이 받았다고 해서 앵글로 아메리카라고도 부르고, 중·남부 아메리카는 유럽 라틴족의 영향을 많이 받아서 라틴 아메리카로 부르기도 합니다.

이제 바다도 구분해 볼까요? 아시아와 오세아니아, 아메리카 대륙에 둘러싸인 바다는 태평양입니다. 대항해시대에 마젤란이 항해할 때 무풍 지대를 만나 '고요한 바다'라고 부른 것이 태평양의 어원이 되었다고 합니다. 태평양은 지구에 있는 바다 중 가장 넓습니다.

대서양은 지구에서 두 번째로 넓은 바다●로 아메리카 대륙과 유럽 및 아프리카에 둘러싸여 있습니다. 아시아, 아프리카, 오세아니아로 둘러싸인 바다는 인도양입니다. 인도 바로 밑에 있어서 인도양이라고 부르는데 과거 해상 무역에서 아주 중요한 역할을 했던 바다입니다. 마지막으로 북극과 남극 주변에 있는 바다를 각각 북극해와 남극해라고 부릅니다.

세계지리를 공부할 때 가장 많이 나오는 용어가 5대양 6대주입니다. 이들의 위치를 꼭 기억해 두고, 어떻게 서로가 상호작용하는지 관심 있게 봐주세요!

● 지구의 지각 변동(내적 작용)으로 태평양은 크기가 작아지고, 대서양은 크기가 커지고 있습니다. 먼 미래에는 대서양이 태평양보다 더 커질지도 모릅니다.

정확한 지도를 만드는 게 불가능하다고요?

지도는 아무리 노력해도 실제 지구와 완전히 똑같이 만들 수 없습니다. 동그란 축구공을 편다고 사각형 모양으로 만들 수 없는 것처럼, 우리가 살고 있는 지구 역시 둥근 구체이므로 지구를 사각형 모양의 평면 지도로 옮길 때는 반드시 왜곡이 일어납니다.

우리가 흔히 보는 세계지도는 16세기 네덜란드의 메르카토르가 만든 지도로 지금까지도 가장 많이 사용하는 지도입니다. 메르카토르 지도는 항해를 위해 제작한 지도이므로 정확한 각도를 측정할 수 있다는 장점이 있지만, 고위도 지역으로 갈수록 면적 왜곡이 심하게 나타난다는 큰 단점이 있습니다.

메르카토르 지도로 보는 세계의 모습은 저위도 국가들의 면적이 상대적으로 작게 표현되는 반면, 고위도 지역에 있는 러시아, 유럽, 북부 아메리카 국가들은 상대적으로 크게 나타나 있습니다. 그래

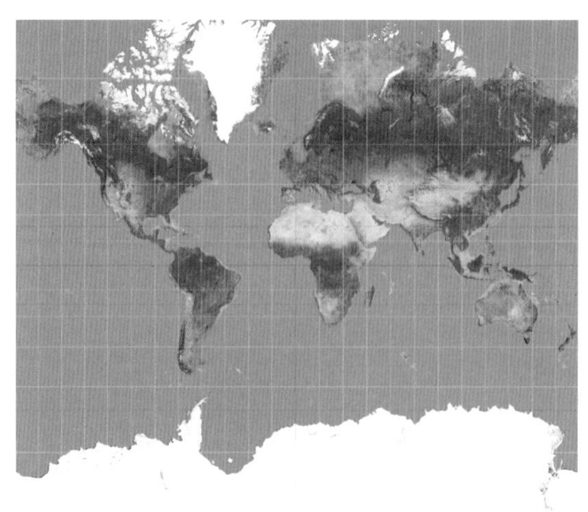

메르카토르 지도

서 과거 제국주의 시절에 서방 국가들은 메르카토르 지도를 식민 지배에 정당성을 부여하는 수단으로 사용하기도 했지요. 하지만 실제로는 아프리카 대륙은 유럽의 모든 나라가 다 들어가고도 남을 정도로 크기가 훨씬 크고, 유럽은 훨씬 작습니다.

최근 과학 기술이 발달하면서 메르카토르 지도의 단점을 극복하고자 면적을 더욱 정확하게 보여주는 도법들이 등장했습니다. 하지만 그 어떤 도법도 둥근 지구를 평면 지도로 완벽하게 만들 수는 없었습니다.

그럼에도 현재 지구의 실제 모습을 나타낼 목적으로 가장 많이 사용하는 것이 바로 로빈슨 도법으로 만든 지도입니다. 최근에는 인공위성의 발달로 실제 지구와 똑같은 지구본 형태의 지도를 보는 것도 가능해져 메르카토르 지도의 단점들을 많이 보완했습니다.

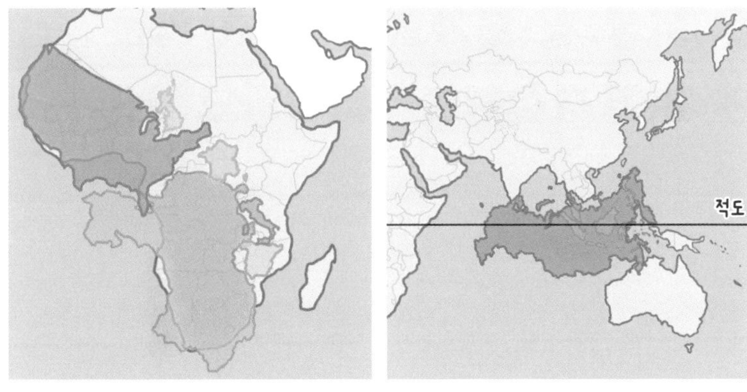

☞ 아프리카 대륙과 중국, 미국, 유럽 주요 국가들의 크기 비교

☞ 러시아의 실제 크기 비교

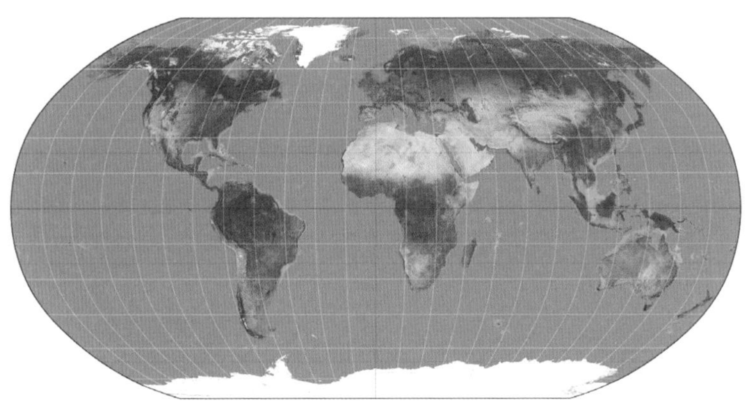

☞ 로빈슨 도법으로 만든 지도

기상캐스터가 절대 빼놓지 않는 세 가지 정보는 무엇일까요?

기상 캐스터는 늘 예보를 전할 때 "오늘의 날씨입니다. 오늘 □□지역의 기온은 ○○℃, □□지역의 강수량은 ○○mm, □□지역의 바람은 초속 ○○m…"와 같이 말합니다. 기상 캐스터는 빠른 시간에 많은 정보를 알려주지만, 이 중 절대 빼먹지 않는 세 가지 정보는 바로 기온, 강수, 바람입니다. 그 이유는 바로 이 세 가지가 매우 중요한 '기후 요소'이기 때문입니다.

여기서 잠깐 기후와 날씨의 정의를 살펴보겠습니다. 기후란 '장기간에 걸친 대기의 평균 상태'를 말합니다. 보통 30년 정도의 기간을 기준으로 봅니다. 날씨란 '단기간의 대기 상태'를 말합니다. 짧게는 하루, 길게는 몇 주 정도의 기간까지 날씨로 봅니다.

여러분에게 우리나라의 여름과 겨울 기후를 묻는다면 어떻게 대답할 수 있을까요? 간단히 여름은 고온 다습, 겨울은 한랭 건조하다고 말할 수 있을 겁니다. 하지만 여름에도 습하지 않은 날이 있고, 겨울에도 가끔은 패딩을 벗어도 될 정도로 따뜻한 날이 있지요. 이것이 기후와 날씨의 차이입니다. 고온 다습하고 한랭 건조한 것은 장기간 대기의 평균 상태인 '기후'인 것이고, 하루하루 또는 짧은 기간 동안 대기의 평균 상태가 '날씨'인 것이지요.

기후 요소란 기후를 구성하는 여러 가지 요소를 말합니다. 가장 대표적으로 기온, 강수, 바람, 습도 등이 있습니다. 이 기후 요소를 변화시키는 것들을 '기후 요인'이라고 부릅니다. 기후 요인에는 위도, 해발고도, 수륙분포(육지와 바다의 배열 및 분포), 해류, 지형 등이 있습니다.

지구의 모든 지역에서는 수많은 기후 요인으로 인해 기온, 강수, 바람과 같은 기후 요소가 다르게 나타납니다. 이처럼 다르게 나타나는 기후 요소들 속에서 비슷한 유형들을 묶어 '기후지역'이라고 부릅니다. 열대 기후, 건조 기후, 온대 기후, 냉대 기후, 한대 기후 등이 바로 대표적인 기후지역입니다.

하지만 같은 기후여도 강수량이나 기온을 비롯해 여러 차이가 나타납니다. 이러한 차이들 때문에 기후를 더 구체적으로 구분할 필요가 있었습니다. 독일의 기후학자이자 생물학자인 쾨펜은 같은 기후 안에서도 다양한 차이로 인해 식생이 다르다는 것을 알게 되었습니다. 그리고 이를 구분할 수 있게 기호를 사용해서 전 세계의 기후를 구분하고 정리했습니다. 지금은 쾨펜이 만든 구분법을 토대로 후대 학자들이 수정 보완한 기후 구분 기준을 사용하고 있습니다. 그

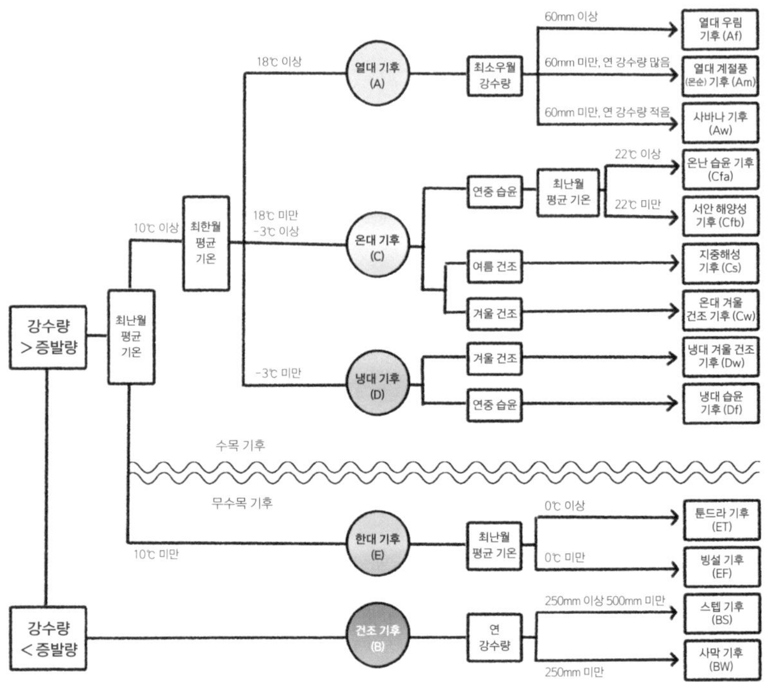

쾨펜의 기후 구분 표

기준을 나타낸 것이 바로 위에 있는 쾨펜의 기후 구분 표입니다.

쾨펜 덕분에 우리는 해당 지역이 어떤 기후이고, 식생과 생활양식이 어떤지 직접 가보지 않아도 알 수 있습니다. 단, 데이터로 구분한 기준이기 때문에 실제 모습은 다를 수 있고, 점이 지역(서로 다른 지리적 특성의 경계에서 중간적인 모습을 보이는 지역)을 표현하지 못한다는 단점이 있습니다.

우리가 보는 지형들은 어떻게 만들어졌을까요?

높은 산, 넓은 들판, 굽이굽이 흐르는 하천 등 우리가 살면서 볼 수 있는 여러 지형을 만드는 작용을 '지형 형성 작용'이라고 합니다. 지형은 지구 내부 또는 외부의 에너지로 만들어집니다. 지구 내부 에너지에 의해서 지형이 만들어지는 것을 '내적 작용', 외부 에너지에 의해서 만들어지는 것을 '외적 작용'이라고 합니다.

내적 작용을 먼저 살펴보겠습니다. 지구는 중심인 핵에서 강력한 열에너지가 나오고 있습니다. 이 열에너지가 맨틀을 움직이고, 맨틀에 붙어 있는 지각이 서로 충돌하면서 지각 사이로 뜨거운 열에너지가 분출되기도 하지요.

맨틀에 붙어 있는 지각은 마치 퍼즐 조각처럼 되어 있는데, 이 조각들을 '판'이라고 부릅니다. 이 판들이 서로 부딪히거나, 멀어지거나, 어긋나면서 새로운 지형들을 만들어냅니다.

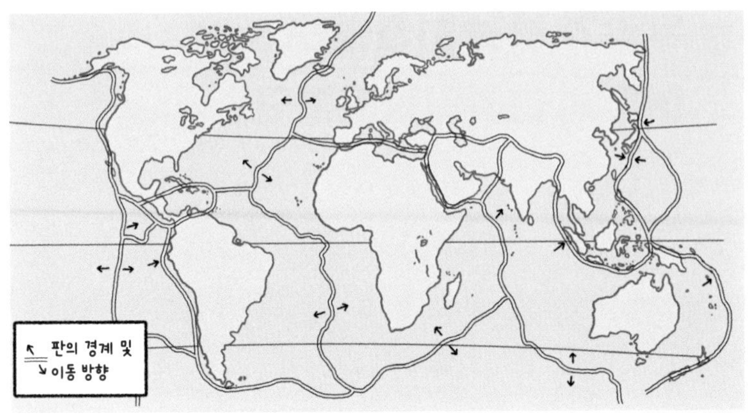

판 분포와 이동 방향

따라서 내적 작용은 주로 거대한 지형을 형성합니다. 높은 산이나 인도네시아, 일본 같은 큰 화산섬들을 만들어내지요. 조산 운동[●], 조륙 운동[●], 화산 운동 등이 대표적인 지형 형성 작용입니다. 특히 높은 산들이 이 판의 경계를 따라 띠 모양으로 생겨납니다. 이러한 지형을 조산대라고 합니다.

과거에 만들어진 산들의 띠를 고기조산대라고 하며, 현재도 판 충돌로 형성되고 있는 산들의 띠를 신기조산대라고 합니다. 대표적인 고기조산대는 러시아의 우랄산맥, 미국의 애팔래치아산맥, 오스트레일리아의 그레이트디바이딩산맥이 있습니다. 신기조산대로는 유명한 알프스산맥, 로키산맥, 안데스산맥 등이 있습니다.

● 산을 만드는 운동입니다. 대표적으로 습곡과 단층이 여기에 해당합니다.

● 큰 땅, 즉 대륙을 만드는 운동입니다. 대표적으로 융기와 침강이 여기에 해당합니다.

이번에는 외적 작용에 관해 알아볼까요? 지구 외부의 에너지에 의해서 지형이 형성되는 것이 외적 작용인데, 지구 외부에서 받는 에너지란 곧 태양에너지를 가리킵니다. 이 태양에너지로 인해 생기는 현상들이 지형을 형성하는 것이지요.

태양에너지로 인해 진행되는 작용은 바람이 부는 것, 비가 내리는 것, 파도가 치는 것, 빙하가 만들어지는 것, 암석이 풍화[●]되는 것 등 매우 다양합니다. 이때 많은 지형이 침식·운반·퇴적·풍화되면서 만들어집니다. 이처럼 빙하 지형, 건조 지형, 하천 지형, 해안 지형 등의 소지형[●]을 만드는 것이 외적 작용입니다.

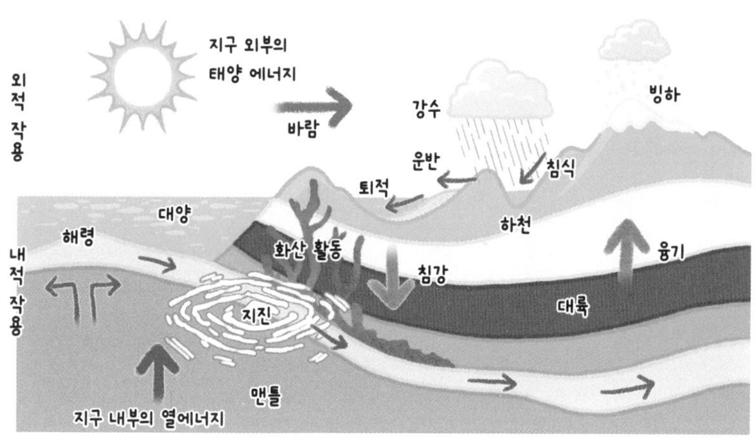

지형 형성 작용

● 바람에 의해서 만들어지는 현상이 아닙니다! 풍화란 암석이 제자리에서 외부의 물리적인 힘 없이 쪼개지거나 녹는 현상으로, 거대한 암석이 모래, 자갈, 점토가 되는 것을 말합니다.

● 여기서 소지형(작은 지형)은 '내적 작용'으로 만들어지는 지형보다 작다는 뜻입니다.

정리하면 '내적 작용'으로 큰 지형이 만들어지고, '외적 작용'이 그 지형을 다듬으면서 큰 지형들 사이사이 독특한 지형들이 생겨나는 것이지요. 예를 들어 과거에 내적 작용으로 만들어진 고기조산대는 원래 높이가 매우 높았지만, 지속적인 외적 작용에 의해 깎이고 다듬어지면서 낮아지게 되었습니다.

왜 여름에는 낮이 길고 겨울에는 낮이 짧을까요?

싱가포르는 1년 내내 어김없이 오전 6시에 해가 떠서 오후 6시에 해가 진다고 합니다. 우리나라나 미국처럼 북반구에 위치한 국가들은 매년 12월 25일이 되면 눈이 오는 크리스마스를 노래하지만, 남반구에 위치한 오스트레일리아나 뉴질랜드 같은 국가들은 같은 날 해변에서 일광욕을 하며 시원한 여름옷을 입은 산타클로스를 만나지요. 어떻게 이런 일들이 생길까요?

그 비밀은 지구가 구체이고, 자전축이 기울어져 있기 때문입니다. 지구의 자전축이 똑바로 서서 공전과 자전을 한다면 태양으로부터 받는 에너지가 자전주기, 공전주기마다 달라지지 않고 항상 일정할 것입니다. 낮과 밤의 길이 차이도 생겨나지 않겠지요.

하지만 지구는 그림처럼 23.5° 기울어져 공전과 자전을 합니다. 그러면 태양에너지를 많이 받는 시기가 생기고, 적게 받는 시기가 생

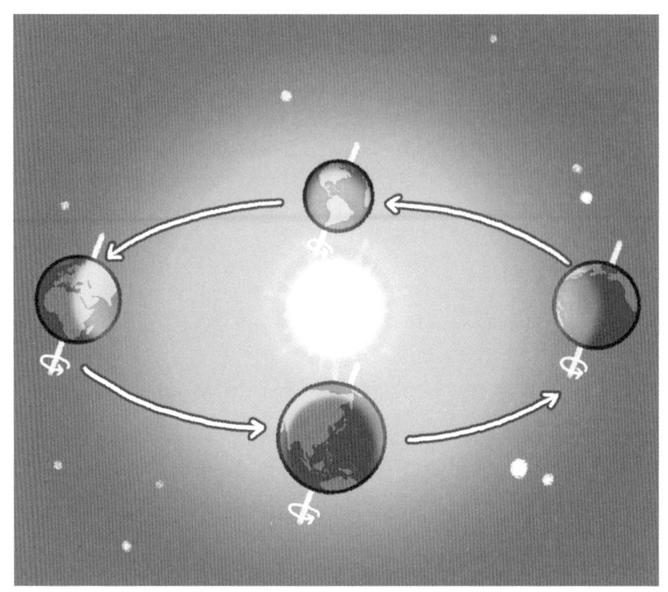

태양의 회귀

기는 것이죠. 태양에너지를 더 많이 받는 시기는 낮의 길이가 길어지고 여름이 됩니다. 반대로 태양에너지를 더 적게 받는 시기는 낮의 길이가 짧아지고 겨울이 되는 것이지요.

적도 지역은 구체라는 특성상 1년 내내 태양에너지를 거의 동일하게 받으므로 낮의 길이가 변하지 않지만, 극지방 주변 지역은 이 차이가 극명해서 하루 종일 낮이거나 하루 종일 밤인 백야와 극야 현상까지 나타납니다. 또한 저위도 지역은 태양에너지를 수직에 가깝게 받기 때문에 태양에너지를 강하게, 많이 받습니다. 반면 고위도로 갈수록 태양에너지를 비스듬히 받기 때문에 태양에너지를 받는 양이 적어집니다.

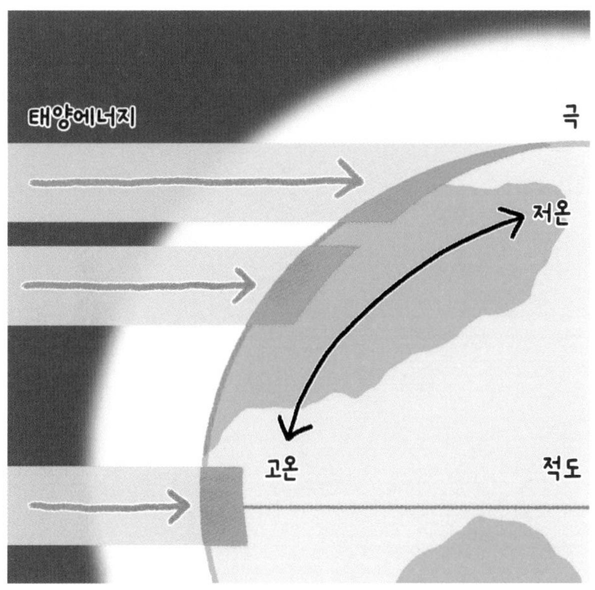

태양에너지의 위도와 일사량

이러한 지구의 특성으로 인해 적도를 기준으로 북반구와 남반구의 계절도 반대로 나타나게 됩니다. 세계지리를 공부할 때는 여름은 7~8월, 겨울은 12~2월이라는 고정 관념을 가지면 안 됩니다. 이 점을 꼭 잊지 말아주세요!

시차가 발생하는 이유는 무엇일까요?

비행기를 타면 비행 시간을 안내하는 표를 받습니다. 29쪽 사진은 한국 인천에서 미국 뉴욕으로 가는 비행기표입니다. 표를 보니 출발은 11월 10일 20시 25분인데, 도착 시간은 11월 10일 20시 20분이네요. 출발 시간보다 도착 시간이 5분 빠르다니…. 타임머신이라도 탄 걸까요?

지구가 한 바퀴 도는 데 걸리는 시간은 하루, 즉 24시간입니다. 그러면 지구는 1시간에 얼마나 돌까요? 한 바퀴가 360°이기 때문에 1시간에는 360°÷24(시간)=15° 움직이겠지요. 그래서 사람들은 이러한 시차를 계산하기 위해 경도(지구상의 위치를 나타내는 좌표)를 지도에 표시해 놓고 15°마다 1시간 차이가 나는 것으로 약속했습니다.

지구는 시계 반대 방향으로 자전하기 때문에 동쪽으로 이동할수록 해를 먼저 만납니다. 그래서 우리는 동쪽으로 가면 시간이 빠르

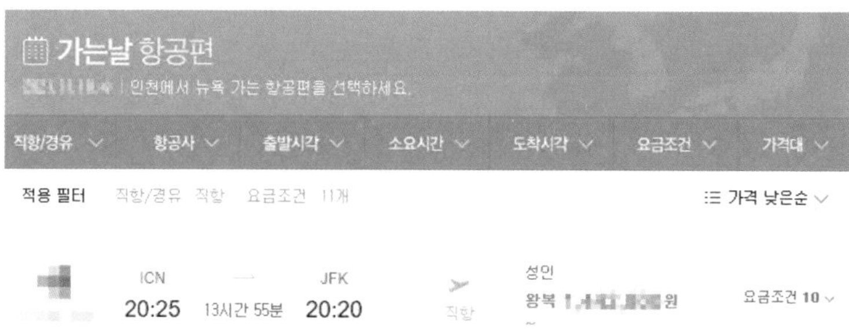

도착 시간이 출발 시간보다 빠른 비행기표

다 혹은 이르다고 표현합니다. 반대로 서쪽으로 이동하면 해를 늦게 만나는 상황이라서 시간이 느리다 혹은 늦다고 표현합니다.

그런데 여기서 문제가 한 가지 있습니다. 15°마다 1시간 차이가 나는데, 동쪽과 서쪽을 나누는 기준이 어디인지에 따라 시차가 달라지기 때문이지요. 그래서 전 세계 대표들이 모여 영국의 그리니치 천문대를 경도 0°로 약속했고 이곳이 세계 시간의 기준이 되었습니다. 이에 따라 영국에서 동쪽으로 가면 동경(E)이라고 하고, 서쪽으로 가면 서경(W)이라고 표현합니다. 지구는 둥근 구체이기 때문에 영국에서 양쪽으로 동시에 출발해 같은 속도로 이동하면 동경 180°, 서경 180°에서 만나게 됩니다. 이 지점을 날짜 변경선이라고 합니다.

북반구와 남반구는 계절이 서로 반대지만, 같은 경도인 북반구와 남반구 국가의 시간은 같습니다. 그래서 우리나라와 오스트레일리아 중부 지역은 서로 시차가 없습니다. 미국 뉴욕과 남아메리카의 콜롬비아, 페루도 서로 같은 시간대를 사용해요. 반면 국토의 면적이 가로로 긴 나라는 한 나라 안에서도 지역별로 여러 시간대를 사용하

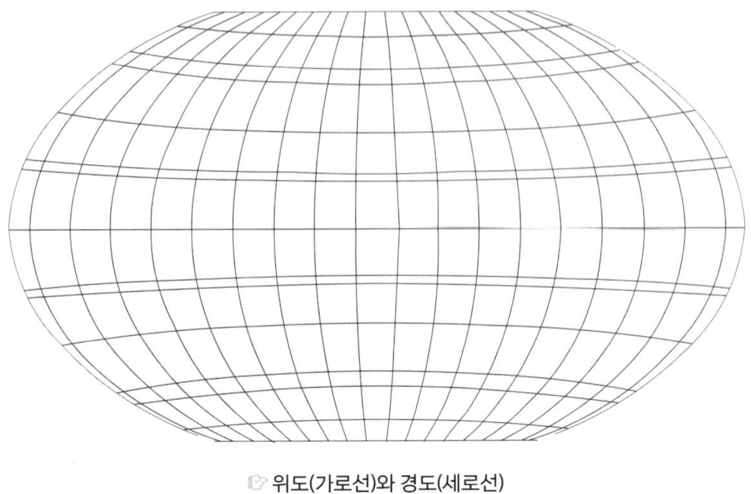

위도(가로선)와 경도(세로선)

는데, 미국과 러시아가 대표적입니다.

반대로 국토가 넓어도 국가 정책상 모든 곳에서 똑같은 시간대를 사용하는 나라도 있습니다. 대표적인 나라가 중국입니다. 그래서 똑같은 아침 7시여도 중국의 수도 베이징에는 해가 떠 있지만, 중국 서부에 있는 티베트 자치구는 아직 꼭두새벽이지요.

1장

아시아

지구의 석탄을 모두 여기로 가져오라

세계의 공장 중국

우리가 쓰는 제품 중에는 중국에서 만들어진 것들이 정말 많습니다. 입는 옷, 먹는 음식과 같은 간단한 경공업 제품에서 자동차, 플라스틱, 철강과 같은 중화학 공업, 스마트폰과 반도체를 비롯한 첨단 산업까지 중국 제품들이 우리 생활 곳곳에 침투해 있습니다. 중국은 세계의 물건 대부분을 만든다고 해도 과언이 아닐 정도로 많은 제품을 생산해 내고 있는데요, 그래서 중국에 붙은 별명이 '세계의 공장'입니다.

공장이 돌아가려면 많은 자원이 필요합니다. 제품의 원료에 들어가는 자원도 필요할 것이고, 제품을 운송할 때 필요한 자원도 있어야겠지요. 공장을 가동할 전기도 반드시 필요합니다. 이 전기를 얻기 위해 가장 많이 사용되는 자원이 바로 석탄입니다.

중국은 영토가 넓은 만큼 자원도 많아서 석탄 매장량이 세계적

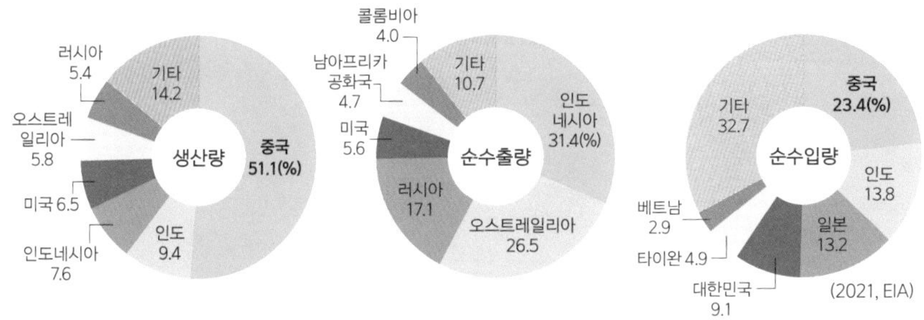

국가별 석탄 생산량, 순수출량, 순수입량 비율

입니다. 전 세계에서 생산되는 석탄의 절반 가까이가 중국에서 생산됩니다.

앞서 중국의 별명이 '세계의 공장'이라고 했지요. 중국에서 자체적으로 생산되는 석탄의 양도 어마어마하지만, 소비량 역시 엄청납니다. 다시 말해 중국은 석탄을 가장 많이 생산하는 국가인 동시에 가장 많이 수입하는 국가이기도 합니다.

34쪽 세계의 석탄 이동 지도를 보면 화살표의 도착 지점이 대부분 중국 쪽인 것을 볼 수 있습니다. 세계의 공장이 되면서 중국은 어마어마한 경제 발전과 성장을 이루어냈지만, 석탄을 활용하는 중화학 공업 비중이 높고 전기 생산에 화력 발전을 많이 쓰고 있어서 환경 오염 문제가 매우 심각한 상황입니다. 특히 공장 대부분이 중국 동부 지역(황해 연안)에 집중되어 있어 주변 국가들과 환경 문제로 인한 갈등도 심해지고 있지요.

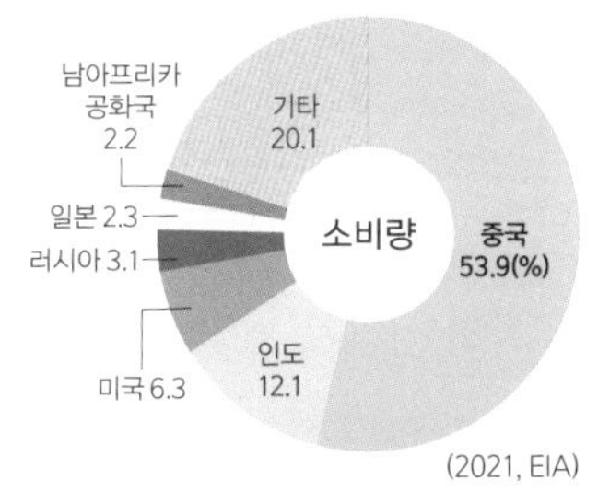

국가별 석탄 소비량 비율

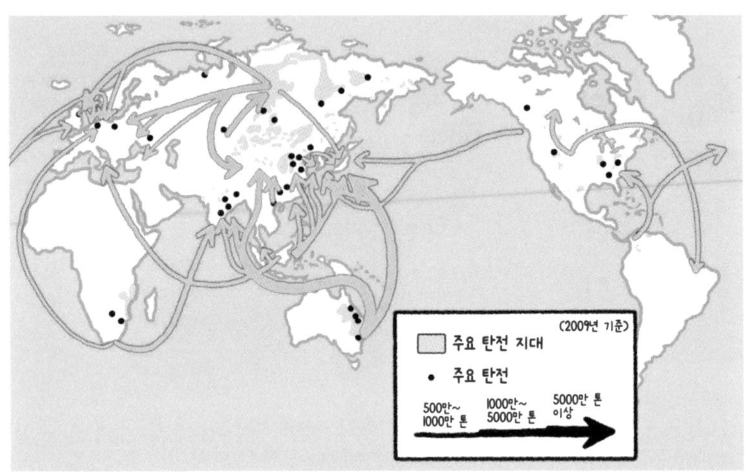

(2015, 〈세계의 제 지역〉)

세계의 석탄 이동

지도에 나타난 것처럼 중국이 석탄을 가장 많이 수입하는 국가는 오스트레일리아입니다. 2021년 중국과 오스트레일리아의 무역 분쟁으로 오스트레일리아가 중국으로의 석탄 수출을 중지하면서 중국에서는 대규모 정전 사태로 공장이 돌아가지 않는 상황에 놓이기도 했습니다. 그러다 보니 중국이 자국의 경제 활동을 지키려고 각종 제품 수출을 규제하면서 전 세계가 영향을 받기도 했지요.

우리나라에서는 그 여파로 요소수● 부족 현상이 나타났습니다. 이 사건은 중국의 영향력이 전 세계적으로 엄청나다는 것을 보여주었고, 자원을 가지고 있는 나라의 힘이 어느 정도인지를 실감하는 대표적인 사례로 남았습니다.

● 디젤(경유) 연료 차량에 사용되며, 대기오염 물질을 걸러주는 역할을 합니다.

중국 발전의 신호탄

경제특구와 내륙 개발

중국이 세계의 공장으로 불리며 경제 대국이 된 이유는 생각보다 단순하지 않습니다. 중국의 지리적 특성과 정부의 정책이 맞아떨어진 결과라고 볼 수 있는데요. 그 이유를 하나씩 알아보겠습니다.

먼저 중국의 정치 체제를 살펴볼 필요가 있습니다. 중국은 완전한 시장경제 체제를 따르지 않습니다. 대신 사회주의 시장경제를 실시하는 국가인데, 이 경제 체제가 중국의 성장을 막고 있었습니다. 인구와 자원이 많은데도 경제가 빠르게 성장하지 못했던 중국은 1980년대부터 본격적으로 문호를 개방했습니다. 그러면서 외국으로부터 투자를 어느 정도 유치하는 등 경제 성장 효과를 봤지만, 단순히 문호만 개방했다고 해서 외국 기업들이 자유롭게 투자하기에는 한계가 있었습니다.

그래서 중국은 한 발짝 더 나아가 '경제특구'를 만들었습니다.

중국의 경제특구로 지정된 광둥성 산터우, 광둥성 선전, 광둥성 주하이, 푸젠성 샤먼, 하이난성

경제특구란 외국인의 자본 유치와 투자를 자유롭게 할 수 있도록 지원해 주는 특정 지역을 의미합니다. 중국의 경제 체제 때문에 외국인들이 투자도 활발하게 하지 못하고, 공장 설립도 어렵던 상황에서 제한이 없는 경제특구 지역이 생기자 외국인들의 투자가 급증하기 시작했습니다.

이렇게 중요한 경제특구인데 아무 곳이나 정하면 안 되겠지요? 지리적으로 잠재력이 가장 높은 지역을 선정해야 합니다. 중국은 일찍이 해상 무역의 중요성을 알고 있었기 때문에 동중국해를 마주한 다섯 지역을 경제특구로 지정했습니다.

물론 중국 제품도 해외로 진출해야 했기에 경제특구를 따라 중국 동부 해안 지역으로 공장 대부분을 옮겼습니다. 중국 국토 대부분은 산지와 사막이고 동부 지역에 평지가 몰려 있습니다. 그래서 평야 지역인 데다 해안 교통까지 활용할 수 있는 동부 지역으로 사람과 산업 시설들이 모두 모여들었지요. 경제특구의 성공을 기반으로 다른 지역들도 점점 문호를 개방하면서 경제가 급격히 성장했습니다.

중국의 경제가 급격히 성장하면서 중국은 미국을 위협할 정도의 경제 대국으로 발돋움했습니다. 그러나 이런 중국도 가장 큰 걱정거리가 있었습니다. 바로 중국 내에서 동부 지역만 경제 성장이 눈부시고, 다른 지역은 경제 성장이 더디다는 점이었습니다. 내륙 사막 지대와 티베트 일대의 고원 지대를 비롯한 서부 지역의 개발이 절실했지요. 따라서 중국은 서부 지역을 개발할 다양한 정책과 토목 공사를 실시했는데, 가장 대표적인 사례가 샨샤댐과 칭짱철도입니다.

샨샤댐은 중국에서 가장 긴 강인 양쯔강(창장강)에 만들어진 거대한 규모의 전력 생산 댐입니다. 중국은 내륙 및 북부 지역에 필요한 전력 공급은 물론, 서부 사막 지역에 수자원을 확보하기 위해 대규모의 댐이 필요했습니다. 그래서 중국에서 가장 긴 강인 양쯔강에 댐을 건설했지요. 샨샤댐이 만들 수 있는 전력의 양은 어마어마한데, 실제로 2019년 샨샤댐에서 만들어진 전기의 양만 2020년 우리나라 총 전력 생산량의 약 20% 가까이 됩니다. 그리고 샨샤댐이 만들어지면서 생긴 인공호수는 무려 600km가 넘습니다.

중국 내부에서는 서울에서 부산 거리보다 긴 이 인공호수가 서부 개발의 신호탄을 쏘아 올렸다고 평가합니다. 더불어 내륙 사막 지역에서 대규모 유전이 발견된 덕분에 중국의 석유 보유량도 늘어났고, 이에 힘입어 서부 개발에 더욱 박차를 가하고 있습니다.

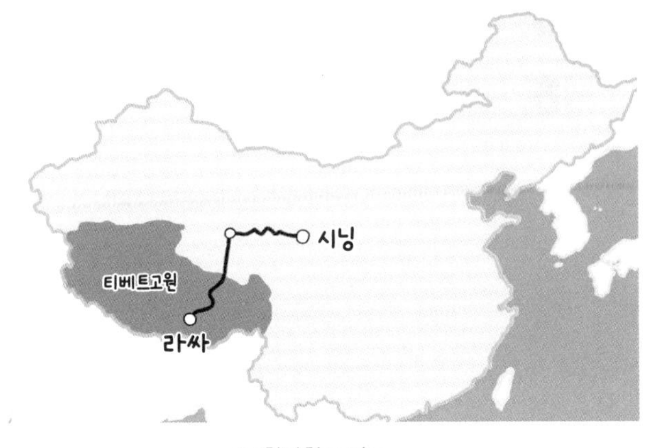

☞ 칭짱철도 경로

칭짱철도는 서부의 칭하이성 시닝과 티베트 자치구의 라싸를 연결하는 철도입니다. 티베트고원 위를 달리는 이 철도는 평균 해발고도가 약 4,000km나 되는 길을 달리기 때문에 '하늘을 달리는 기차'라는 별명이 붙었습니다. 한라산보다 두 배 이상 높은 셈인데, 이렇게 높은 고지대를 달리다 보니 열차 내에 산소 공급기가 있다고 합니다.

칭짱철도가 개통되면서 중국의 수도 베이징과 최대 도시인 상하이 등에서 티베트의 라싸까지 철도로 이동할 수 있게 되었습니다. 칭짱철도 덕분에 서부 지역의 관광 산업이 크게 발달하고, 다양한 물류의 이동도 활발하게 이루어질 것으로 기대하고 있습니다. 이 밖에도 중국은 국가 내의 모든 지역을 발전시키기 위해 도로와 철도 등을 계속 건설하고 있으며 자원 및 산업 개발을 아끼지 않는 상황입니다. 하지만 이 발전을 반기지 않는 사람들도 있지요.

중국이 티베트를 포기하지 못하는 이유

중국의 소수 민족 분쟁

중국은 서부 내륙 지역의 사막과 높은 고원 지대인 티베트고원까지 국토 전체를 균형적으로 개발하려 노력하고 있습니다. 그런데 이 균형 개발을 반가워하지 않는 사람들이 있습니다. 바로 중국의 소수 민족입니다.

중국이 인도와 함께 전 세계에서 인구가 가장 많은 나라라는 건 널리 알려져 있지요. 2024년 기준으로 약 14억 명이 중국에 살고 있습니다. 문제는 이 14억 명이 단일 민족이 아니라는 것입니다.

우리나라는 민족 다양성이 많지 않아 '한민족'이라고 부릅니다. 반면 중국은 한족(漢族)이 다수이긴 하지만 다양한 소수 민족이 공존하고 있습니다. 이 소수 민족의 숫자도 무시할 수 없을 정도로 많지요. 중국 국토 내에는 여러 국가가 있었는데 마지막에 중국이 통일되는 과정에서 이 국가들은 중국으로 흡수되었습니다.

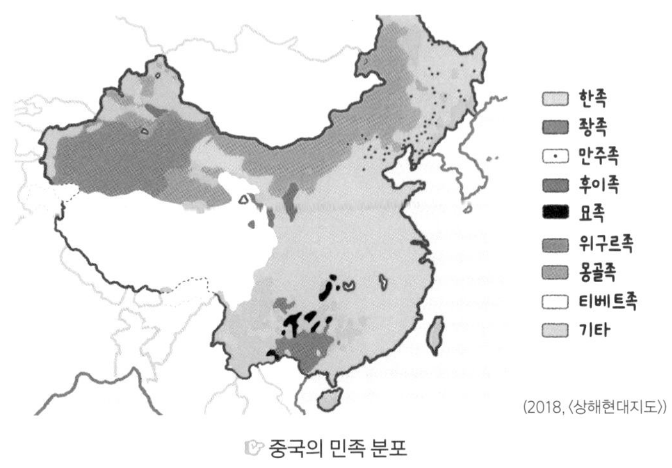

중국의 민족 분포

이 소수 민족들은 중국의 한족과 종교, 문화, 언어 등 모든 면이 다릅니다. 그래서 계속 독립을 요구하고 있지요. 다양한 소수 민족들이 독립을 요구하는 와중에 가장 독립 열기가 뜨거운 두 지역을 꼽으라면 신장 위구르(신장 웨이우얼) 자치구와 티베트(시짱) 자치구일 것입니다.

여기서 '자치구'란 주민 중 소수 민족이나 소수 종교의 비중이 특히 높아서 중앙 정부로부터 자치권을 부여받은 지역을 말합니다. 중국은 다양한 소수 민족들이 거주하는 지역을 대부분 자치구로 지정했습니다. 자치구를 지정해 주면서 소수 민족들의 권리가 높아지고 거주 환경이 좋아졌다는 평가도 있지만, 중국이 소수 민족을 더 집중적으로 관리 감독하기 위해 지정한 것이라는 비판을 받기도 합니다.

신장 위구르 자치구는 중국 내륙 사막 지역에 있습니다. 중국은

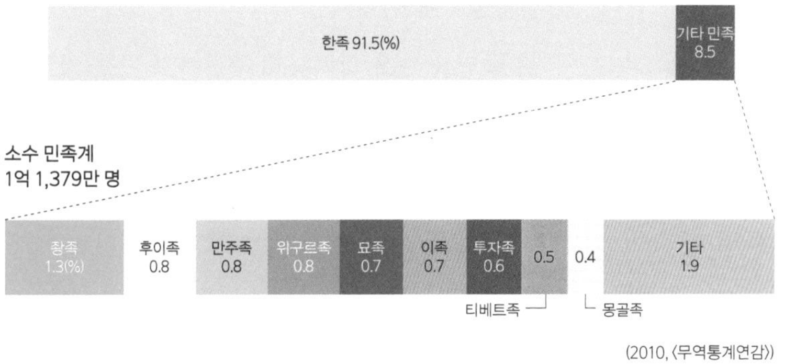

중국의 민족 구성 비율

이 지역을 개발하기 위해 샨샤댐 등을 건설해 전력이나 수자원을 공급하려 하고 있습니다. 그런데 이 과정에서 미래를 뒤흔들 결정적인 사건이 발생했는데, 바로 신장 위구르 지역에서 석유가 발견된 것입니다. 서부 개발에 박차를 가할 원동력이 생긴 것이지요. 하지만 신장 위구르에 거주하는 위구르족은 이슬람교 신자 비중이 매우 높고 다른 언어를 사용하는 등 한족(漢族)의 중국과는 문화가 매우 다르고, 중국 정부에 대한 반발심이 큽니다. 그래서 중국 정부가 자신들의 지역을 개발하고 간섭하는 것을 매우 불편해하는 상황입니다.

티베트 자치구는 소수 민족인 티베트족이 거주하는 지역입니다. 이 지역 근처에는 우리가 앞서 배운 신기조산대에 속하는 히말라야산맥이 있습니다. 히말라야산맥이 형성될 때 그 영향으로 주변 지역이 따라 융기하면서 티베트고원이 만들어졌는데, 이곳의 평균 해발고도가 약 4,000m입니다. 이 엄청난 고지대에서 터전을 잡고 살아온 티베트족은 '라마교'라고 하는 종교를 믿으며 국가를 이뤄 살던 민족이었습니다. 그러나 중국에 편입되면서 중국 중앙 정부와 갈등이 커지게 되었고, 분리 독립을 매우 강력하게 주장하고 있는 지역입니다.

그러나 중국은 이 두 지역을 절대 포기하지 않을 것입니다. 신장 위구르 지역은 대규모 유전이 발견되는 등 지하자원이 많이 매장되어 있고, 중앙아시아 진출의 교두보 역할을 하는 곳입니다. 이곳을 통해 유럽까지도 육로로 갈 수 있지요. 중앙아시아 및 유럽과 교류하려면 반드시 이 지역을 거쳐야 하기 때문에 무역 및 자원 등의 측면에서 매우 중요합니다.

한편 티베트고원은 전략적 요충지로서 엄청난 가치를 지니고 있습니다. 중국은 동쪽으로는 태평양과 마주하고 있어 국경을 접하고 있는 국가가 거의 없지만, 서쪽으로는 여러 내륙 아시아 국가들과 국경을 마주하고 있어 국경 분쟁과 전쟁의 위협이 끊이지 않고 있습니다. 이때 전략적으로 가장 중요한 지역이 바로 티베트고원입니다. 게다가 최근 티베트고원에서 지하자원이 발견되면서 더욱 금싸라기 같은 곳이 되었습니다.

칭짱철도가 개통하면서 중국 본토와 티베트고원이 철도로 연결되어 관광 산업이 폭발적으로 발전할 것이라는 긍정적 반응도 있습니다. 하지만 티베트 자치구에서 독립 운동이 벌어졌을 때 중국 정부가 신속하게 군사를 보낼 목적으로 이용될 수도 있다는 우려의 목소리도 큰 상황입니다.

게르라고 들어봤나요?

몽골의 사막 지형

우리나라에는 봄철만 되면 우리를 괴롭히는 자연현상이 있지요. 바로 황사입니다. 중국에서 발원해 우리나라까지 불어오는 이 모래 바람은 중국 내부에 있는 타클라마칸 사막과 고비 사막에서 발원한 모래들입니다. 왜 중국 내부는 모래로 뒤덮인 사막이 된 것일까요?

44쪽 사진은 게르라고 불리는 몽골의 전통가옥입니다. 게르는 조립과 해체가 쉬워서 이동식 생활을 할 때 유리한 가옥 구조입니다. 왜 몽골에서는 게르 같은 이동식 전통가옥이 발달했을까요?

이 두 질문에 대답하려면 '건조 기후'에 관해 알아봐야 합니다. 이름에서 벌써 분위기가 느껴지지 않나요? 건조 기후는 연 강수량이 500mm 미만이면서 강수량보다 증발량이 더 많은 기후 지역을 의미합니다. 강수량 500mm는 나무가 자랄 수 있는 한계인 '수목 한계 강수량'이라고 합니다. 즉 비가 이보다 적게 오면 나무가 제대로 자라

몽골의 전통가옥 게르

기 어렵다는 의미이지요.

그런데 500mm 미만의 강수량이라고 해도 480mm가 오는 곳과 0mm가 오는 곳은 큰 차이가 있겠지요? 그래서 건조 기후의 정의 내에서도 강수량 차이를 기준으로 다시 두 가지로 분류됩니다. 바로 '사막 기후'와 '스텝 기후'입니다.[●]

사막 기후는 강수량 0~250mm 미만인 지역으로 우리가 사막 하면 떠올리는 광경과 같습니다. 너무 비가 오지 않다 보니 나무뿐만 아니라 짧은 풀들도 자라기가 어렵습니다. 스텝 기후는 강수량 250~500mm 미만인 지역으로 게르 너머의 풍경처럼 드넓은 초원이 펼쳐져 있습니다. 500mm가 넘지 않아 나무는 잘 자라지 않지만, 적은 양이라도 비가 내리다 보니 짧은 풀들이 자라 초원을 형성하는 것

● 20쪽 쾨펜의 기후 구분 표를 참조해 주세요!

이지요. 그러면 중국 내부와 몽골 지역은 왜 건조 기후가 되었을까요?

아래 지도를 보면 중국에 히말라야산맥과 티베트고원, 난링산맥 등 산맥이 매우 많은 것을 볼 수 있습니다. 이처럼 산맥 지형이 너무 많이 분포하는 중국 지형의 특성상 습윤한 바람이 내륙 지역까지 도달하지 못하게 되었고, 이 바람이 넘어오지 못하면서 비가 충분히 내리지 않는 건조 기후가 된 것입니다. 이보다 더 내륙에 있는 중국 내부 지역은 사막 기후가 되었고 몽골 주변은 스텝 기후가 되었습니다. 앞에서 살펴본 신장 위구르 지역이 대표적인 중국의 사막 기후 지역입니다.

스텝 기후 지역에는 짧은 풀이 자라기 때문에 주민들은 이 짧은 풀을 먹고 자라는 가축들을 키우며 살아갑니다. 그리고 이 짧은 풀이

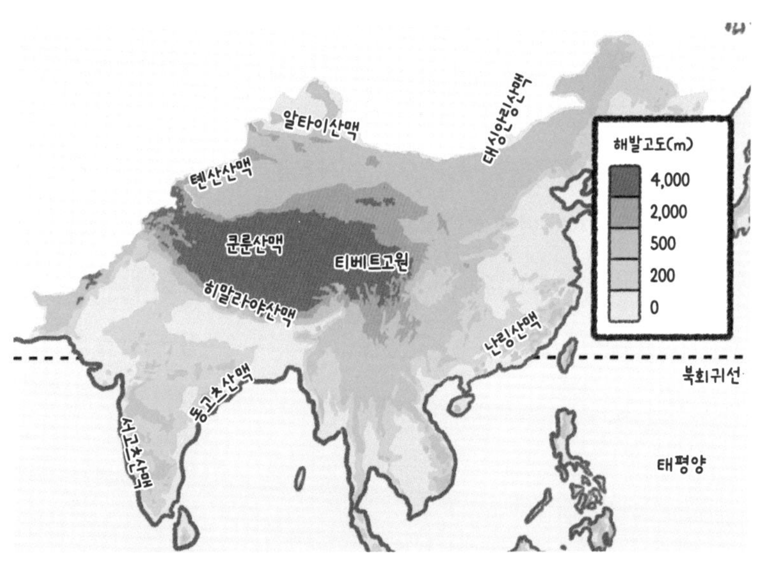

중국 지역의 산맥 분포

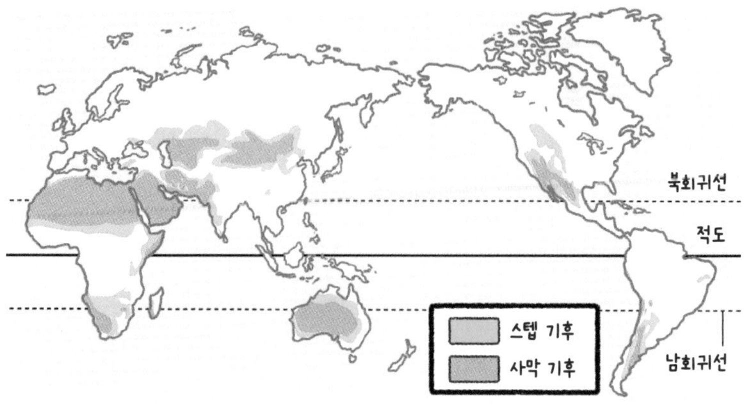

건조 기후의 분포

많은 지역을 찾아 계속 이동하는 생활을 하죠. 그래서 언제든 거주지를 옮길 수 있도록 조립과 해체가 쉬운 게르 같은 이동식 가옥과 유목이 발달한 것입니다.

하지만 최근 인구가 늘어나면서 과도한 유목이 행해지기도 하고, 유목을 하는 사람들이 도시에 정착하면서 급격한 도시화로 인해 풀들이 사라지고 토양이 황폐해지는 사막화 현상이 심각해지고 있습니다. 이를 막기 위해 인공림을 조성하는 등 다양한 노력을 하고 있지요. 사막화가 심각해지면 우리나라에 불어오는 황사 피해도 더욱 커질 것입니다. 그러니 우리도 이 지역에 계속해서 관심을 가져야겠습니다.

도쿄 발전의 숨은 조력자

간토의 화산재 평야

여러분도 잘 알다시피 일본의 수도는 도쿄입니다. 2024년 기준 도쿄의 인구는 1,400만 명 이상으로 인구 1,000만 명이 넘는 세계적인 대도시입니다. 우리나라의 수도권처럼 도쿄 주변에도 도쿄권이라는 대도시권이 형성되어 있는데, 도쿄권 인구는 무려 3,500만 명 가까이 됩니다. 일본 인구가 약 1억 2천만 명이니 그중 30%에 달하는 사람들이 도쿄 근처에 살고 있다는 말이지요. 왜 도쿄에 이렇게 많은 사람이 몰린 걸까요?

원래 일본의 수도는 교토였습니다. 메이지 유신 이후로 들어선 일본의 새 정부는 중앙집권적인 근대 국가를 구축하기 위해 수도를 교토에서 도쿄로 이전했지요. 교토는 천 년 이상 일본 문화와 전통의 중심지였지만, 새로운 시대를 열기 위해서는 정치적 중심을 확 바꾸는 것이 유리하다고 판단한 것입니다.

물론 새 수도가 된 도쿄 주변은 옛날에도 많은 인구가 밀집해서 살고 있던 지역이었습니다. 일반적으로는 한 나라의 수도에 사람이 몰려 사는 것이 자연스러운데, 교토와 멀리 떨어진 도쿄에는 왜 인구가 이렇게 많이 살고 있었을까요? 이 도쿄의 성장에 큰 역할을 한 숨은 조력자가 바로 간토 평야입니다.

일본은 화산 활동으로 만들어진 섬나라입니다. 그렇다 보니 많은 지각 변동을 겪었죠. 이 지각 변동으로 일부 지각이 낮아지는 침강 현상이 일어났고, 침강된 곳에 하천이 들어오면서 비옥한 물질들을 공급해 평야를 만들었습니다. 도쿄 주변에 이런 과정을 거쳐 형성된 평야가 간토 평야입니다.

국토의 약 80%가 산지인 일본에서 평야는 아주 귀중한 자연 지형이었습니다. 그래서 간토 평야는 일본 최고의 농업 생산 기지 역할을 하게 되었지요. 이곳에서 생산된 농산물들로 지역 인구를 넉넉히 부양할 수 있었고, 따라서 일찍부터 많은 인구가 도쿄 주변에 모여 살았던 것입니다.

도쿄가 새 수도로 지정되면서 도시의 근대화, 즉 도시화는 필수 과제가 되었습니다. 만약 도쿄가 산지였다면 도시 개발이 더딜 수밖에 없었겠지만, 이곳은 널찍한 평야 지대였기 때문에 도로나 철도 같은 교통망을 구축하기 유리했습니다. 더불어 도쿄는 간토 평야의 내륙 농업 지역과 태평양 연안 항구를 잇는 거점 위치에 있었으므로 수도의 기능을 하기에 적합한 인프라를 빠르게 갖출 수 있었습니다.

지금의 도쿄로 성장하기까지는 당시 일본의 정치적·경제적 영향이 컸지만, 간토 평야라는 지리적 특성이 그 뒤에서 숨은 조력자 역할을 한 것입니다.

간토 평야의 일부 지역은 후지산에서 나오는 화산재의 영향으로 더욱 비옥해졌답니다. 화산이 폭발할 때 나오는 화산재는 인간이나 기계에 악영향을 미치기도 하지만, 화산재가 토양에 섞이면 훌륭한 비료가 되어 식물 성장에 큰 도움을 줍니다. 이처럼 세계에는 화산 덕분에 비옥한 토양이 되어 농사가 잘되기로 유명한 곳들이 있습니다.

■ 인도네시아 자바섬

화산 활동으로 만들어진 섬입니다. 화산 활동으로 인해 엄청난 양의 화산재와 화산 쇄설물들이 이 섬에 쌓이게 되었습니다. 그래서 이곳은 벼농사가 매우 잘되는 땅이 되었습니다. 뜨거운 열대 기후와 비옥한 토양이 만나 어마어마한 농업 생산성을 보여주는 것이지요. 이로 인해 인도네시아는 섬나라임에도 2021년 기준 2억 7천만 명이라는 많은 인구를 보유한 나라가 되었습니다.

■ 이탈리아 베수비오산

엄청난 화산 폭발로 인류에게 큰 피해를 준 산입니다. 폼페이 유적이 바로 이 베수비오산의 화산 폭발로 생겨난 것이죠. 하지만 이 화산 폭발로 이탈리아 남부 주변 지역의 땅은 비옥해졌고, 이 지역의 기후와 좋은 토양이 만나 품질 좋은 농산물을 생산하고 있습니다. 포도, 토마토, 올리브 등이 유명합니다.

일본이 동계 올림픽을 두 번이나 개최할 수 있었던 비결은?

계절풍과 해류

우리나라는 2018년에 평창 동계 올림픽을 개최하면서 1988년 서울 하계 올림픽과 더불어 동계와 하계 올림픽을 모두 개최한 나라가 되었습니다. 의외로 동계 올림픽과 하계 올림픽을 모두 개최한 나라는 손에 꼽을 정도로 적습니다. 아시아에서는 동계 올림픽과 하계 올림픽을 모두 개최한 나라가 2024년 기준으로 한중일 세 나라뿐입니다. 이 중 일본은 이미 동계 올림픽을 두 번이나 개최했습니다. 어떻게 일본은 동계 올림픽을 두 번이나 개최할 수 있었을까요?

올림픽은 개최하고 싶다고 해서 쉽게 개최할 수 있는 국제 행사가 아닙니다. 다양한 조건과 심사를 거쳐 적합성을 인정받아야 개최할 수 있는 조건이 생기며, 경제적·정치적 요인을 모두 고려해 개최지를 선정합니다. 특히 동계 올림픽은 하계 올림픽과 다르게 눈 위에서 진행되는 스포츠가 많고 추운 날씨의 영향을 많이 받기 때문에

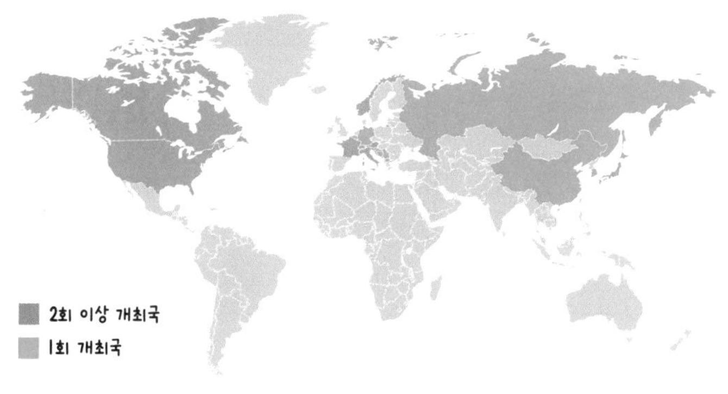

역대 동계 올림픽이 열린 국가 분포

자연환경적 조건이 까다롭습니다. 그래서 역대 동계 올림픽이 개최됐던 도시들을 살펴보면 모두 눈이 많이 오는 북반구 고위도 지역뿐입니다. 일본이 두 번이나 동계 올림픽을 개최할 수 있었다는 건 자연환경적 조건을 아주 잘 충족했다는 뜻이겠지요? 일본은 세계적으로 봐도 눈이 많이 오는 나라에 속합니다. 눈이 너무 많이 와서 이를 지역 축제로 발전시킨 삿포로 눈 축제가 세계 3대 축제 중 하나로 뽑힐 정도이지요. 일본에 눈이 이렇게나 많이 내리는 이유는 바로 계절풍과 해류 때문입니다.

우리나라의 여름은 매우 덥고 습한 기후인 반면, 겨울은 매우 춥고 건조한 기후입니다. 이처럼 우리나라가 여름에 고온 다습하고 겨울에는 한랭 건조한 기후가 된 것 역시 계절풍 때문입니다.

계절풍이란 특정 계절에 강하게 부는 바람을 의미합니다. 우리나라는 세계에서 가장 큰 대륙인 아시아와 세계에서 가장 큰 바다인 태평양이 만나는 지점에 위치하고 있습니다. 그래서 여름에는 바다

계절풍의 원리

에서 육지 방향으로 바람이 불고, 겨울에는 육지에서 바다로 바람이 붑니다.

따라서 여름에는 뜨거운 태평양의 습기와 온도가 바다에서 육지 방향으로 전달되면서 고온 다습해지고, 겨울에는 시베리아의 추운 냉기와 건조함이 육지에서 바다 방향으로 전해져 한랭 건조해지는 것이지요. 우리나라 바로 옆에 있는 일본도 똑같이 계절풍의 영향을 받습니다. 일본은 우리나라와 다르게 섬나라이기 때문에 여름에 고온 다습한 정도가 우리나라보다 더 심합니다. 하지만 겨울은 우리나라와 양상이 조금 다릅니다.

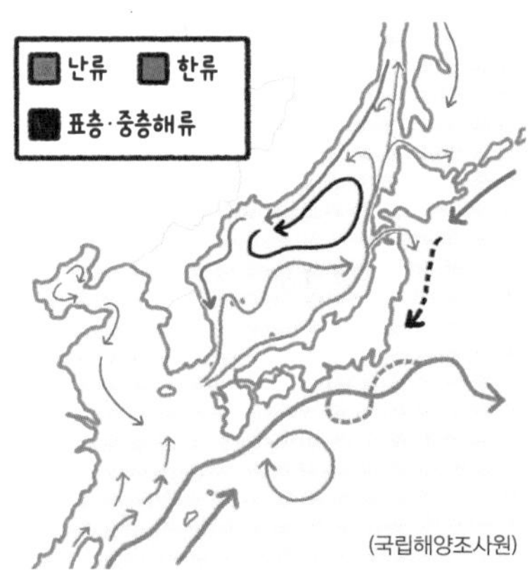

우리나라와 일본 바다의 해류

우리나라는 시베리아에서 불어오는 바람을 바다를 거치지 않고 바로 맞다 보니 대륙의 성질을 그대로 받아들여 건조한 겨울 기후가 나타납니다. 그런데 일본은 해류 지도에서 보다시피 바람이 해상, 즉 동해를 거쳐서 불어옵니다.* 이처럼 바람은 바다를 건너오면서 건조한 성질이 아닌 습윤한 성질로 바뀝니다. 게다가 동해에 흐르는 난류의 영향으로 습기 공급이 더욱 원활해지지요.

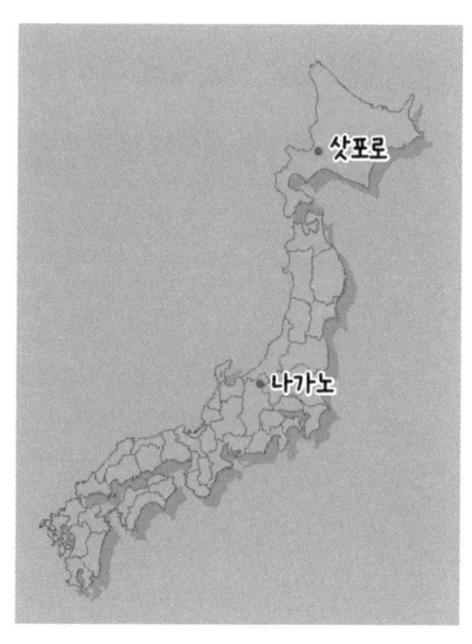

일본에서 동계 올림픽이 개최된 두 도시, 나가노와 삿포로

또한 일본은 국토의 80%가 산으로 이루어진 화산섬 국가인데, 습기를 머금은 바람이 산지에 부딪히면 엄청난 지형성 강설이 발생합니다. 그래서 일본이 세계적인 다설지가 된 것입니다. 일본이 동계 올림픽을 개최한 도시를 살펴보면, 동해안에서 불어오는 계절풍이 바로 맞닿는 동해 연안인 것을 알 수 있습니다.

계절풍은 우리나라와 일본뿐만 아니라 동아시아, 동남아시아, 남부아시아 전역에 영향을 줍니다. 그래서 이 지역에 속한 국가들은 대부분 여름에 고온 다습, 겨울에 한랭 건조한 기후적 특색을 보입니다. 이 계절풍 덕분에 어떤 식물이 아시아 지역에서 특히 잘 자라게 되었고, 우리의 주식이 되기도 했지요. 그 식물이 바로 쌀입니다. 이 쌀에 관한 이야기를 바로 뒤에서 조금 더 자세히 해보도록 하겠습니다.

* 우리나라의 전라도 지역에도 황해를 거쳐 온 북서 계절풍이 소백산맥에 부딪혀 많은 눈이 내리곤 합니다.

베트남 쌀국수는 어떻게 유명해졌을까?

메콩강 삼각주

쌀국수 하면 어떤 나라가 가장 먼저 떠오르시나요? 일반적으로 베트남을 가장 먼저 떠올릴 겁니다. 쌀국수뿐만 아니라 쌀가루를 이용해서 만든 빵인 바인미(반미) 역시 베트남의 대표적인 쌀 요리입니다. 그렇다면 어떻게 베트남은 쌀 요리의 대표국이 될 수 있었을 까요? 베트남의 기후 특징과 지형 특징을 살펴보면 그 답을 알 수 있습니다.

베트남은 동남아시아의 인도차이나반도에 위치한 국가입니다. 인도차이나반도는 적도와 가까워 열대 기후가 나타나고, 1년 내내 연평균 기온이 18℃ 이상입니다. 우기에는 적도 수렴대와 바다에서 불어오는 계절풍의 영향으로 많은 비를 내리고, 건기에는 아열대 고압대와 대륙에서 불어오는 계절풍의 영향으로 강수량이 매우 적습니다. 즉 우기와 건기가 매우 뚜렷한 '사바나 기후'가 나타나지요.

☞ 베트남의 지리적 위치

이러한 기후를 좋아하는 식물이 바로 벼입니다. 벼는 성장기에 고온 다습한 환경이 필요한 식물이기 때문에 베트남의 기후 환경에서 아주 잘 자랍니다. 우리나라는 6~8월 여름철에 고온 다습한 기후적 특색을 활용해서 1년에 한 번 벼농사를 짓지요. 우리나라의 겨울철은 벼가 좋아하는 고온 다습한 환경을 만들 수 없으므로 벼농사가 어렵습니다.

베트남은 우리나라보다 훨씬 더 고온이고, 겨울에도 열대 기후의 특성상 높은 기온이 유지되기 때문에 일 년에 여러 번 벼농사를 지을 수 있습니다. 하지만 이렇게 벼농사를 쉬지 않고 계속 짓는다면 땅의 영양분이 고갈되어 더 이상 농사를 할 수 없는 땅이 돼버릴 수 있습니다. 그런데 베트남에는 특별히 농사를 계속해서 지을 수 있게 도와주는 지형적 특성이 있습니다. 바로 '메콩강'입니다.

티베트고원의 만년설에서 시작해 중국을 지나 인도차이나반도의 여러 국가를 관통해 베트남으로 흐르는 메콩강은 동남아시아의 젖줄이라고 불릴 만큼 비옥한 평야를 만들어냈습니다. 이 비옥한 평야는 메콩강의 하구인 베트남에 특히 넓게 만들어졌는데, 이것이 메콩강 삼각주입니다.

메콩강 삼각주는 메콩강이 흐르면서 운반해 온 온갖 비옥한 퇴

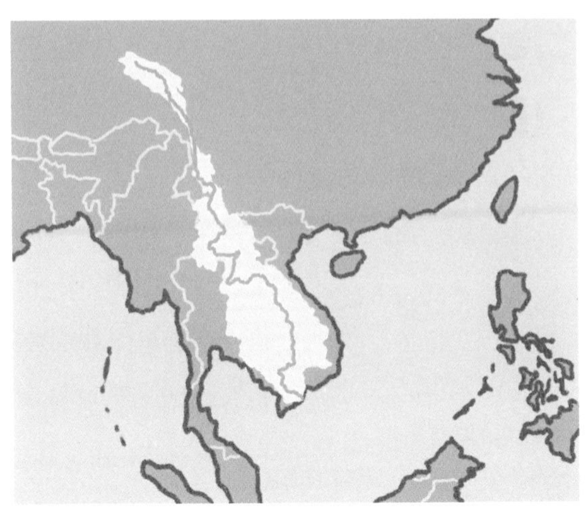

☞ 메콩강

적물들이 쌓인 충적평야입니다. 이 충적평야가 베트남에서 쌀농사를 일 년에 여러 번 지을 수 있게 한 장본인입니다. 덕분에 베트남은 쌀 생산량이 세계적인 나라가 되었고, 쌀과 관련된 요리 역시 발달하게 되었습니다.

하지만 최근 베트남의 쌀 생산량이 감소하고 있다고 합니다. 메콩강이 베트남만 흐르는 것이 아닌 국제하천이기 때문인데요. 메콩강 상류에 있는 나라에서 댐을 건설했는데 평소에 메콩강 삼각주로 공급되던 토사물과 퇴적물들이 이 댐 때문에 급감하고 있다고 합니다. 이런 이유 때문에 메콩강이 지나는 나라들은 예전부터 잦은 갈등을 겪었고 국제적 문제로도 이어지게 되었습니다.

주민등록증에 종교를 명시하는 나라

동남아시아의 지정학적 위치

우리나라에서 만 17세가 넘으면 국가에서 발급해 주는 신분증이 있습니다. 바로 주민등록증입니다. 주민등록증에 있는 정보들을 한 번 살펴볼까요? 우리나라 주민등록증에는 이름, 사진, 주민등록번호, 사는 곳(주소), 발급 일자, 발급 기관 정보가 기록되어 있어 신분증의 역할을 합니다.

하지만 우리나라 주민등록증을 보고 이 사람이 어떤 종교를 믿는지는 알 수 없습니다. 그런데 종교를 주민등록증에 기재하는 나라가 있다고 합니다. 바로 동남아시아의 말레이시아입니다.

말레이시아의 지리적 위치

종교가 표기되어 있는 말레이시아 신분증

말레이시아는 이슬람교를 국교로 지정한 나라입니다. 그래서 이슬람을 믿는 사람은 신분증에 자신의 종교를 기입할 수 있습니다. 보통 이슬람 국가라고 하면 많은 사람이 이슬람만을 믿을 수 있고 종교의 자유가 없다고 생각합니다. 하지만 말레이시아는 세계 4대 종교를 모두 인정하고, 종교의 자유를 보장합니다.

심지어 모든 종교의 기념일을 공휴일로 지정해 놓고 그날에 종교 행사를 진행할 수 있도록 지원하기도 합니다. 그만큼 서로 어느 정도 공존하면서 살고 있다는 뜻이겠지요. 이런 사례조차 세계적으로 드물다는 것이 참 안타깝게 느껴지기도 합니다.

어떻게 말레이시아는 세계 4대 종교를 모두 인정하는 나라가 되었을까요? 어렵다면 질문을 약간 바꿔보겠습니다. 그럼 어떻게 말레이시아는 이처럼 다양한 종교를 믿는 사람들이 살게 되었을까요? 세계지도를 보면 그 이유를 알 수 있습니다.

말레이시아는 인도차이나반도와 말레이반도, 인도네시아 등 여러 섬으로 이루어졌다는 지형적 특징이 있습니다. 즉 해양 교통이 집중될 수밖에 없는 곳이죠. 말레이시아 서쪽에 위치한 인도에서 출발하는 배들은 아시아를 거칠 때 말레이시아를 지나야만 합니다. 인도의 주요 종교가 힌두교이다 보니, 말레이시아는 자연스럽게 힌두교를 믿는 사람들의 영향을 많이 받게 되었습니다.

한편 인도보다 더 서쪽에는 서남아시아(중동 지역)가 위치하고 있습니다. 이곳은 이슬람 신자들이 매우 많은 곳으로, 이 지역은 무리를 지어 무역 활동을 하는 상업이 매우 발달했습니다. 이 상인을 '대상'이라고 부릅니다. 낙타를 타고 무리 지어 이동하는 사람들을 생각하면 됩니다. 이들은 육상뿐 아니라 해상 무역도 활발하게 진행했습니다. 고려시대 우리나라의 벽란도에 이슬람 상인들이 와서 무역을 했다는 기록이 있을 정도이지요.

그런데 지도를 보면 이슬람 상인들이 동남아시아 지역과 한중일이 있는 동아시아 지역으로 오려면 반드시 지나야 하는 곳이 바로 믈라카 해협입니다. 과거에는 식량이나 피로 문제 때문에 배를 타고

무역의 요충지였던 믈라카 해협

한 번에 먼 거리를 가기 어려웠습니다. 이때 이슬람 상인들이 쉬어 갔던 곳이 지금의 말레이시아, 싱가포르, 인도네시아 일대입니다. 그래서 이 지역에 이슬람교가 퍼지게 되었지요. 특히 말레이시아와 인도네시아에서는 이슬람교 신자들이 매우 많아져서 국교로 정하기도 했습니다.

또한 인도차이나반도에서 말레이시아까지는 육지로 연결되어 있는데, 인도차이나반도에 위치한 국가들은 불교 신자의 비율이 매우 높습니다. 그래서 육지로 직접 연결된 말레이시아는 불교의 영향도 크게 받았습니다.

크리스트교는 주로 유럽에서 믿는 종교입니다. 유럽은 동남아시아 지역과 매우 멀어서 전파가 쉽게 이루어지지 않았지만, 제국주의가 활발하던 17~20세기에 식민 지배의 영향으로 말레이시아와 동남아시아 지역에 크리스트교가 전파되었습니다. 유럽의 제국주의 국가들은 이 믈라카 해협이 해상 교통의 요충지라는 것을 알고 있었기에 이 지역을 빠르게 식민지화했고, 이 영향을 받은 주변 지역에서 크리스트교 신자들도 많이 생겨났지요.

이러한 지형적 특색 때문에 동남아시아는 크리스트교, 이슬람교, 힌두교, 불교의 영향을 모두 받은 지역이 된 것입니다. 특히 육상 교통과 해상 교통의 결절지인 말레이시아가 이 영향을 많이 받았고, 하나의 종교를 강요하고 분쟁하기보다 모든 종교를 인정하는 사례를 남기고 있습니다.

싸우고 싶어서 싸우는 게 아닙니다

남부아시아의 분쟁

남부아시아는 인도 주변의 아시아 국가들을 통칭하는 지역명입니다. 대표적인 나라로는 인도, 파키스탄, 방글라데시, 네팔, 부탄, 스리랑카, 몰디브가 있습니다. 그런데 이 중 인도, 파키스탄, 방글라데시는 원래 한 나라였다는 사실을 알고 있나요? 제국주의의 폐해로 분열된 남부아시아를 자세히 알아보겠습니다.

원래 남부아시아 지역은 곧 인도 지역이었다고 볼 수 있습니다. 지금의 인도 지역에는 과거부터 여러 왕조가 저마다 국가를 이뤄 지역을 지배하고 있었습니다. 그러다 제국주의가 팽배하던 시기에 현재 인도 지역 전체가 영국의 식민 지배를 받게 되었습니다. 인도 지역은 인도에서 기원한 힌두교와 함께 서쪽에서 온 이슬람의 영향을 많이 받은 곳입니다. 그래서 힌두교 신자와 이슬람교 신자가 모두 많았지요. 영국은 이를 이용해서 힌두교 신자들과 이슬람교 신자들을 차별하는 식민 정책을 펼쳤습니다.

그 결과 식민 지배가 끝나고 독립하는 과정에서 힌두교 신자들과 이슬람교 신자들 사이의 갈등이 심화되었습니다. 그래서 인도는 한 나라로 독립하지 못하고 이슬람교를 믿는 지역은 파키스탄 공화국으로, 힌두교를 믿는 지역은 인도로 갈라졌습니다.

그런데 파키스탄 공화국은 인도를 기준으로 서쪽에 있던 서파키스탄과 동쪽에 있던 동파키스탄으로 두 지역이 있었습니다. 그러나 서파키스탄과 동파키스탄은 물리적인 거리도 너무 멀었고, 종교만 이슬람교로 같을 뿐 언어, 문화, 풍습까지 매우 달라 사실상 다른 국가처럼 보였습니다.

언어만 살펴보면 동파키스탄 지역에 거주하던 사람들은 벵골어를, 서파키스탄에 거주하는 사람들은 우르드어라고 불리는 언어를 사용했습니다. 결국 서파키스탄은 지금의 파키스탄으로 남았고, 동파키스탄은 다시 따로 독립해서 현재의 방글라데시가 되었습니다.

제국주의 시절 강대국들은 자국의 이익을 위해 강제로 지역 주민들을 이주시키고, 국경을 원하는 대로 긋고, 소수 세력에게 권력을 주어 민족적, 종교적 이간질을 통해 민족 분열을 야기했습니다. 그때의 잔재가 남아 지금까지도 남부아시아 지역을 괴롭히고 있지요. 최근 세계 뉴스에서도 많이 나오는 남부아시아의 대표적인 분쟁을 살펴보겠습니다.

❶ 로힝야족 탄압 사태

인도는 힌두교 신자가 가장 많지만 이슬람교 신자 수도 굉장히 많습니다. 영국이 인도를 식민 지배할 당시 동남아시아에 있는 미얀마도 영국의 식민지였습니다. 이때 미얀마의 농장에서 일할 노동력이 부족하다는 이유로 인도에서 강제로 주민들을 이주시켰는데, 이때 이주한 사람들이 로힝야족입니다.

로힝야족 거주 지역

로힝야족은 인도에서 이슬람교를 믿는 민족이었지만 미얀마는 전통적인 불교 국가입니다. 미얀마가 영국으로부터 독립하자 로힝야족은 본인들이 살던 인도로 되돌아가고 싶었지만, 국경선이 모두 확정된 뒤로는 이동할 수 없었습니다. 그래서 결국 미얀마에서 거주할 수 밖에 없었고, 불교를 믿는 미얀마의 주민들과 이슬람교를 믿는 로힝야족의 이념 차이는 결국 분쟁으로 번지게 되어 현재까지도 갈등이 지속되고 있습니다.

❷ 스리랑카 분쟁

스리랑카는 불교를 믿는 신할리즈족과 힌두교를 믿는 타밀족의 갈등이 매우 심각한 지역입니다. 인도 주변에 있는 나라이다 보니 힌두교와 불교의 영향을 많이 받았습니다. 마찬가지로 영국의 식민 지배를 받다가 독립하는 과정에서 두 종교를 믿는 민족이 함께 한 국가에 살게 되었고, 이로 인한 갈등이 팽배한 상황입니다.

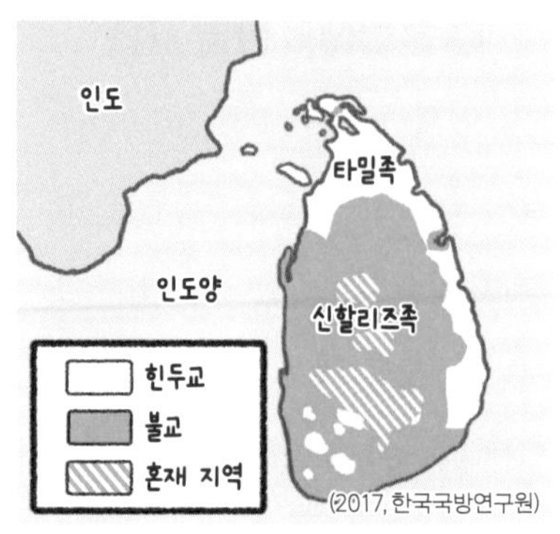

스리랑카의 민족과 종교 분포

2000년대에 들어서도 계속 분쟁이 일어났는데, 2012년 4월에는 8천여 명이 넘는 불교 승려들과 불교도들이 불교 성지 위에 이슬람 사원과 힌두교 사원이 들어섰다고 주장하면서 시위를 벌이기도 했습니다. 2018년 3월 6일에는 불교도와 이슬람교도 간 폭력 사태가 심해져 국가가 비상사태를 선포했을 정도입니다.

❸ 카슈미르 분쟁

세계에서 가장 분쟁이 심각한 곳을 골라보라는 질문을 받으면 많은 사람이 카슈미르 지역을 꼽습니다. 앞에서 살펴본 것처럼 인도가 영국의 식민 지배를 받던 시절 영국은 힌두교와 이슬람교, 두 종교를 이용해서 민족 간의 분열을 조장했습니다. 마치 일본이 우리나라를 식민 지배할 때 친일파를 이용해 민족 분열을 시도했던 것처럼요.

이로 인해 이슬람교와 힌두교 사이의 관계는 늘 좋지 않았고, 결국 인도와 파키스탄으로 분리 독립했다고 설명했습니다. 그런데 이 과정에서 국경이 확실히 정해지지 않은 곳이 있는데, 이곳이 바로 카슈미르 지역입니다.

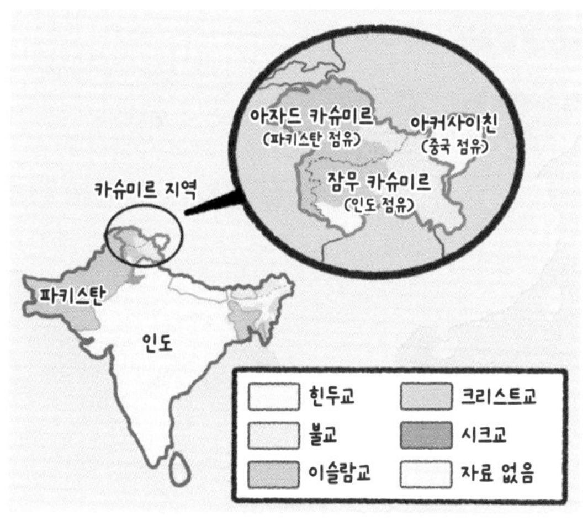

(2015, 〈디르케 세계 지도〉)
(2008, 〈르몽드 세계사〉)

카슈미르 분쟁 지역

카슈미르 지역은 인도, 중국, 파키스탄과 맞닿은 접경 지역입니다. 이 지역의 주민들은 대부분 이슬람교도였기 때문에 독립한 뒤 파키스탄에 편입되기를 원했습니다. 하지만 카슈미르의 지도자는 주민들의 바람과 달리 인도에 편입되기로 결정했고, 이로 인해 전쟁이 발발하기도 했습니다. UN이 개입하고 나서야 휴전이 되었지만 아직도 계속 분쟁이 이어지는 상황입니다.

게다가 중국과의 접경 지역에서는 카슈미르의 일부 지역을 중국이 점유하면서 인도와 중국도 갈등을 빚고 있습니다. 중요한 사실은 인도, 중국, 파키스탄이 모두 핵 보유국이라는 것입니다. 분쟁이 심화되면 핵전쟁으로도 이어질 가능성이 있기 때문에 전 세계가 가장 위험한 분쟁 지역으로 이 카슈미르 지역을 주목하고 있는 것이지요.

세계에서 가장 비가 많이 오는 곳

아삼 지방과 지형성 강수

세계에서 가장 비가 많이 오는 곳은 어디일까요? 이를 알아보기 전에 비가 오는 유형에 대해서 먼저 살펴보도록 하겠습니다. 하늘에서 내리는 눈과 비, 우박 등을 모두 통틀어 '강수'라고 하는데, 강수에는 4가지 유형이 있습니다.

❶ 대류성 강수

뜨거운 공기는 위로 올라가려는 성질이 있고, 차가운 공기는 아래로 내려가려는 성질이 있습니다. 그래서 뜨거운 공기는 위로, 차가운 공기는 아래로 내려가면서 공기가 순환하는데 이를 공기의 흐름, 즉 대류라고 합니다.

이 대류 과정은 기온이 높은 지역에서 더 잘 일어납니다. 그래서 열대 기후 지역에서는 오후 2시쯤 뜨거운 온도에 의해 갑작스럽게 비가 많이 내리는데 이것을 대류성 강수라고 합니다. 열대 지역에서는 스콜이라고 부릅니다. 우리나라에서도 한여름에 갑작스럽게 하늘에서 내리는 비를 소나기라고 하지요? 이 소나기가 대류성 강수의 대표적인 사례입니다.

❷ 전선성 강수

뜨거운 공기와 차가운 공기가 만나면 비가 내립니다. 일상생활에서도 이런 현상을 관찰할 수 있는데, 추운 겨울에 숨을 내쉬면 차가운 외부 공기와 만나 하얗게 입김이 생기지요. 이 입김은 작은 구름과 같습니다.

한여름 냉장고에서 음료수를 꺼내 식탁 위에 놔두면 음료수 표면에 물이 맺히는 것도 차가운 냉장고에 있던 음료수와 외부의 더운 공기가 만났기 때문입니다. 이와 같은 원리로 지구상의 뜨거운 공기와 차가운 공기가 만나는 곳에 비가 내리는데, 이를 전선성 강수라고 합니다. 우리나라의 장마가 대표적인 전선성 강수입니다.

❸ 지형성 강수

바람이 불다가 산맥을 만나면 어떻게 될까요? 아무리 강한 바람이라도 산을 뚫고 지나갈 수는 없으므로 산을 타고 올라가게 됩니다. 고도가 올라갈수록 기온은 낮아지기 때문에 수증기를 머금은 바람이 산을 만나면 산과 부딪히는 사면에 비가 많이 내립니다. 지형 때문에 비가 내린다고 해서 지형성 강수라고 부릅니다.

❹ 저기압성 강수

적도 지역의 강한 일사량이 바닷물을 데우고, 이 데워진 바닷물은 강력한 상승 기류를 만들어냅니다. 이때 거대한 소용돌이가 생기는데 이것이 여름마다 우리나라에 자주 찾아오는 태풍입니다. 태풍* 과 같이 강수가 내리는 것을 저기압성 강수라고 합니다.

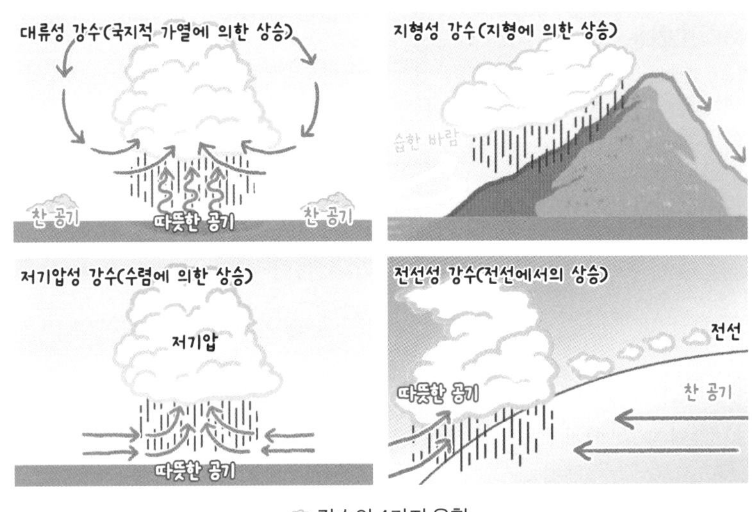

강수의 4가지 유형

강수의 4가지 유형에 대해서 알아보았습니다. 세계에서 가장 비가 많이 내리는 곳은 이 4가지 요인 중 지형성 강수의 영향을 가장 많이 받습니다. 수증기를 머금은 바람과 산이 만나면 비를 내리니까,

* 우리나라와 동아시아 등에서는 태풍이라고 부르고, 아메리카에서는 허리케인, 인도양 주변에서는 사이클론, 오세아니아에서는 윌리윌리라고 부릅니다.

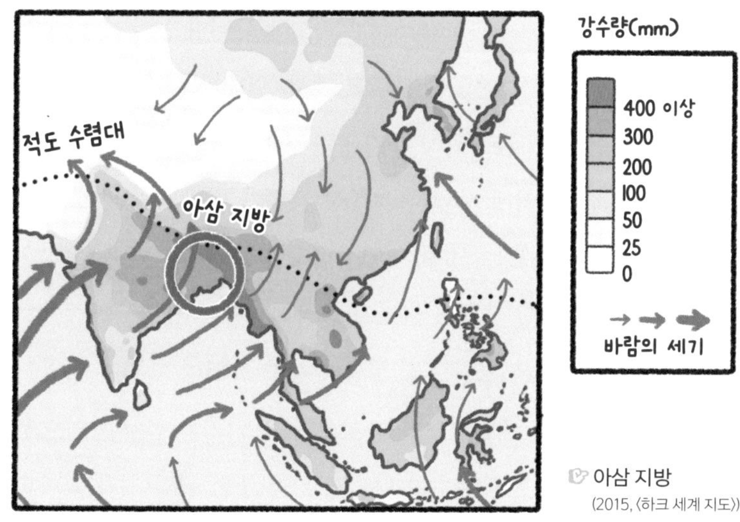

아삼 지방
(2015, 〈하크 세계 지도〉)

세계에서 가장 높은 산맥과 세계에서 가장 습한 바람이 만난다면 엄청난 비를 내리겠지요? 세계에서 가장 높은 산맥은 히말라야산맥이고, 세계에서 가장 습한 바람이 부는 곳은 적도의 더운 바다 지역에서 계절풍이 불어오는 남부아시아 지역입니다. 이 둘이 만나 세계에서 비가 가장 많이 내리는 지역이 바로 인도의 아삼 지방입니다.

7~8월에는 인도양에서 아시아 방향으로 바람이 부는데, 이때는 육지의 영향을 받지 않고 벵골만을 지나 히말라야산맥에 부딪히는 지점에 엄청난 지형성 강수를 뿌리게 됩니다. 이곳이 아삼 지방인데, 아삼 지방 중에서도 체라푼지라는 곳에서 세계 최고 강수 기록을 기록했습니다. 기록상으로 1860년 8월부터 1861년 7월까지 1년 동안 22,987mm의 비가 내렸고, 1861년 7월에는 한 달 동안 무려 9,300mm의 비가 내렸습니다.

계절풍을 영어로 몬순(monsoon)이라고 부릅니다. 그래서 이 지역은 열대 기후인 동시에 몬순이 분다고 해서 '열대 몬순 기후'라고 부릅니다. 열대 몬순 기후로 인해 우기에는 강의 유량도 엄청나게 불어나는데, 히말라야산맥에 부딪혀 지형성 강수가 내리고 유량이 엄청나게 불어나 하류에 있는 국가는 매년 심각한 수해를 겪기도 합니다.

그 하류에 위치한 국가가 바로 방글라데시입니다. 방글라데시는 갠지스강이 운반해 온 토양으로 형성된 삼각주 위에 세워진 나라입니다. 그래서 국토의 해발고도가 높지 않고 우기에는 엄청난 양으로 강물이 불어나기 때문에 홍수가 나면 국토의 절반 이상이 잠길 정도로 피해가 큽니다.

동네 뒷산이 히말라야인 나라

네팔

세계에서 가장 높은 산은 어디일까요? 바로 유명한 에베레스트산입니다. 에베레스트산은 히말라야산맥에 있는데, 내적 작용으로 판과 판이 충돌하면서 세계에서 가장 높은 산맥이 만들어졌습니다. 그럼 에베레스트산이 어느 나라에 있는지도 아시나요? 바로 남부아시아의 네팔이라는 나라입니다.

우리나라는 국토의 70% 이상이 산지여서 어디를 가든 크고 낮은 산들을 볼 수 있습니다. 그래서 보통 동네 뒷산이 꼭 있지요. 네팔에서는 동네 뒷산이 에베레스트가 되는 셈입니다. 에베레스트뿐만 아니라 히말라야산맥을 이루는 다른 높은 산들도 네팔에 많이 위치하고 있습니다. 그래서 네팔 주민들은 히말라야산맥과 함께하는 독특한 생활양식이 발달했습니다.

네팔에는 셰르파(Sharpa)라고 불리는 사람들이 있습니다. 네팔

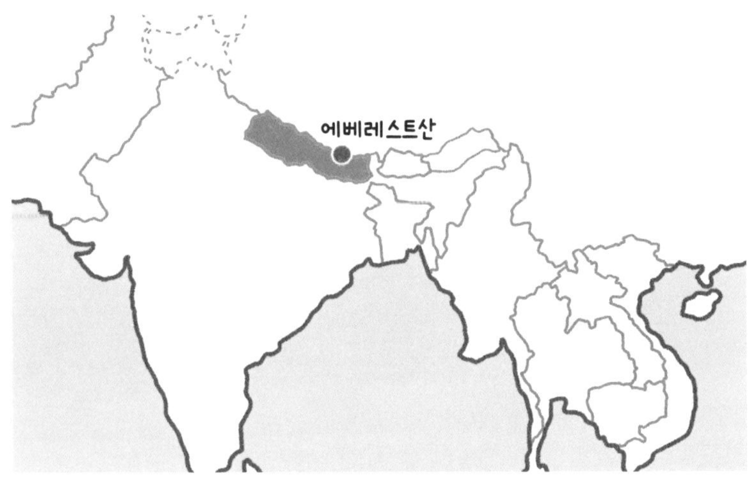

네팔과 에베레스트산의 위치

에 사는 민족의 이름이자 히말라야산맥을 등산하러 온 산악인을 안내하는 사람들입니다. 이곳에서 태어나고 생활하면서 자라났기 때문에 고산 지대에서의 생활이 익숙한 셰르파들은 히말라야산맥을 등반하려는 산악인들에게 한 줄기 빛과 같은 존재입니다. 산악인 사이에서는 셰르파들이 없었다면 히말라야를 정복하는 데 훨씬 더 오랜 시간이 걸렸을 것이라는 말이 널리 퍼져 있다고 합니다.

이처럼 네팔은 고산 지대에 위치한 국가이다 보니 농업 생산력이 높지 않습니다. 그래서 보리를 주 곡식으로 하고, 고산 지대에서 키우는 양과 야크*의 젖으로 수분과 비타민C 등을 섭취합니다.

* 야크는 폐가 크고 피가 진하며 추위에 잘 견디는 특성이 있어서 고산 지대에서 생활하기에 적합한 동물입니다.

네팔에서는 전통적으로 이뤄지고 있는 장례 풍습을 천장(天葬) 혹은 조장(鳥葬)이라고 부릅니다. 인근 국가인 부탄이나 티베트에서도 찾아볼 수 있는 풍습으로, 사람이 죽으면 시신을 고원의 들판에 버려두고 독수리 같은 새들이 와서 시신을 쪼아 먹게 하는 것입니다. 이곳은 불교를 주로 믿고 있어서 불교의 윤회 사상에 따른 풍습이라고 알려져 있지만, 고원 지대에서 사람이 죽었을 때 사람을 화장할 목재가 부족하고 매장할 토지 자체도 부족해서 이러한 장례 문화가 발달했다는 지리적 이유도 숨어 있습니다.

서양에서는 이러한 장례 문화를 야만인의 문화라고 생각하고 부정적으로 바라보기 때문에 이곳에 사는 사람들은 본인들의 장례 문화가 외부로 유출되기를 바라지 않고, 사진 촬영하는 것도 엄격히 금하고 있다고 합니다.

인도에 IT 산업이 발달할 수 있었던 이유는?

인도의 시차와 언어

우리가 자주 이용하는 제품이나 서비스들은 미국과 같은 선진국에 본사를 둔 대기업인 경우가 많습니다. 이런 대기업들의 제품이나 서비스에 궁금한 점이 있을 때 여러분들은 어떻게 하시나요?

최근 이런 기업들의 홈페이지를 들어가 보면 24시간 상담이 가능한 경우가 많습니다. 기업에서 개발한 AI 채팅 봇이 있는 경우도 있고, 원한다면 상담원과 연결해서 상담을 진행할 수 있지요. 전화 상담 역시 24시간 가능한 경우가 많습니다. 어떻게 밤낮없이 24시간 상담을 진행할 수 있을까요? 그 이유는 미국에 본사를 두고 있는 많은 대기업이 아시아 지역에 지사를 설치해서 운영하고 있기 때문입니다.

보통 미국 대기업들은 미국 서부에 집중되어 있습니다. '실리콘 밸리'라고 들어본 적이 있나요? 실리콘 밸리는 미국 샌프란시스코에 있는 산업단지로, 세계를 이끌어가고 있다고 해도 과언이 아닌 대기업들이 여럿 모여 있습니다. 실리콘 밸리 이외에 미국의 시애틀, LA 등에도 본사가 많이 위치하고 있는데 모두 미국 서부에 있는 도시들입니다. 이곳에 있는 기업들이 아시아 지역, 특히 인도에 지사를 따로 설치한 이유는 크게 두 가지인데, 바로 시차와 언어입니다.

미국 서부의 도시들은 서경 120°를 표준 경선으로 이용하고, 아시아 국가 중 인도의 경우는 동경 82.5°를 표준 경선으로 이용하고 있습니다. 두 곳의 시차가 약 13시간이기 때문에 미국 서부에 있는 대기업 본사에서 업무를 마칠 때 인도 지사에서는 업무가 시작됩니다. 그래서 24시간 동안 업무가 이어질 수 있는 것입니다.

게다가 인도는 영어를 사용하는 인구가 많기 때문에● 미국에 있는 기업들과 영어로 소통하기가 용이하고, 우수한 인재가 많은 것으로도 유명합니다. 이런 것들이 바탕이 되면서 아시아 지역 중에서도 특히 인도에 많은 기업이 진출했고, 이에 따라 인도가 IT 강국으로 떠오른 것입니다. 최근 미국의 대기업들은 콜센터에 그치지 않고 인도에 연구 센터까지 설치하고 있습니다.

영화 〈슬럼독 밀리어네어〉(2009)를 보면 인도에 진출한 IT관련 콜센터, 인도의 빈민가, 철도 교통, 인도 서민들과 중산층의 삶의 모습을 통해 인도 사회의 현재 모습과 변화 양상을 관찰할 수 있습니다.

● 과거 영국의 식민 지배를 받아서 영어를 공용어로 사용하고 있습니다.

실론티라고 들어봤나요?

남부아시아의 차 재배

남부아시아 지역은 고온 다습한 계절풍의 영향을 많이 받는 덕분에 특별히 잘 자라는 작물이 있습니다. 바로 차(茶)입니다. 차는 고온 다습하고 일교차가 큰 환경에서 잘 자라기 때문에 남부아시아 지역이 이 조건에 가장 잘 부합하는 곳이죠.

특히 인도와 스리랑카 지역의 고원 지대는 차 재배에 더욱 유리한 조건을 가지고 있습니다. 그래서 지형성 강수가 많이 내리는 인도의 아삼 지방과 스리랑카가 차로 유명한 곳이 되었지요.

다즐링, 아삼, 닐기리 등의 차 이름을 들어본 적이 있나요? 이 이름들은 모두 차가 재배되는 지역을 따서 붙여진 것입니다. 다즐링과 아삼은 인도 북동부 지역이고, 닐기리는 인도 남부의 고원 지대입니다. 그리고 스리랑카의 한자식 이름이 실론입니다. 그래서 스리랑카 섬을 실론섬이라고 부르죠. 이 지역에서 재배된 차 역시 섬의 이름을 따서 실론티라고 부릅니다. 우리나라에서는 음료수 이름으로 유명하지요.

인도와 스리랑카 지역은 영국의 식민 지배를 받았습니다. 이때 유럽인들이 여기서 재배된 홍차의 맛을 보게 되었지요. 홍차는 각종 영양 성분이 많고, 특히나 기름진 음식을 먹은 후에 디저트로 마시기 좋아서 고기를 주로 먹는 유럽인들에게 인기가 많았습니다. 남부아시아에서 생산된 차를 배로 운송하면 열대 기후 지역을 지나는데 이때 차가 자연스럽게 발효되었다고 합니다. 그래서 남부아시아 지역에서 생산된 차는 유럽에서 아주 인기가 좋았지요.

스리랑카 지역은 과거에 커피를 많이 재배했지만, 병충해로 인해 커피나무가 대규모로 죽는 사건이 발생했습니다. 그래서 대안으로 차를 재배하기 시작했고, 이때 차 재배를 위해 인도에서 타밀족이 많이 이주해 왔습니다. 타밀족은 힌두교를 주로 믿는 민족입니다.

그런데 스리랑카에 원래 거주하던 싱할리족은 불교를 주로 믿고 있었습니다. 현재 스리랑카에서 타밀족과 싱할리족을 둘러싼 불교와 힌두교 간의 분쟁이 나타나는 것은 차 재배가 발단이었던 셈이지요. 63쪽에서 살펴본 스리랑카 분쟁의 이면에 바로 차가 있었던 것입니다.

석유는 저주일까 축복일까?

서남아시아의 지하자원

현재 지구에서 인간에게 가장 중요한 지하자원은 무엇일까요? 다양한 신소재가 발명되고 있지만 아직은 석유가 가장 중요한 자원일 것입니다. 석유는 현재 우리가 일상생활에서 사용하는 물건 대부분을 만드는 데 사용되고 있고, 수송에서도 거의 모든 연료를 석유로 쓰고 있어서 사용량이 절대적으로 많은 자원입니다.

안타깝게도 우리나라에서는 울산 앞바다에서 아주 극소량의 석유가 나오고는 있지만 상용화할 수 있는 정도는 아닙니다. 말 그대로 그냥 존재만 하고 있는 셈이지요. 우리나라와 반대로 석유가 펑펑 쏟아져 나오는 곳도 있습니다. 바로 서남아시아 지역입니다. 하지만 서남아시아 전체 지역에서 석유가 많이 나오는 것은 아니고, 석유가 집중적으로 많이 나오는 곳은 바로 서남아시아의 페르시아만이라는 곳입니다.

페르시아만

석유는 배사 구조라는 지층 구조에서 잘 발견되는 것으로 알려져 있습니다. 지층이 압력을 받으면 휘어지게 되고, 그 휘어진 틈에 석유와 천연가스가 고이게 되는 것이지요.

이 구조가 가장 잘 나타나는 곳이 서남아시아의 페르시아만입니다. 단일 국가로 석유 매장량이 가장 많은 곳은 남아메리카의 베네수엘라지만, 지역 단위로 보면 가장 석유가 많이 매장되어 있는 곳이 페르시아만입니다. 어느 정도냐 하면 전 세계 석유의 절반 가까이가 이 페르시아만에 매장되어 있습니다. 페르시아만에 있는 대표적인 국가가 사우디아라비아, 카타르, 이란, 이라크, 아랍에미리트(UAE)입니다. 모두 대표적인 산유국들이지요.

석유가 처음 이곳에서 대량으로 발견되었을 때 페르시아만 국가들은 자체적으로 석유를 시추하고 정제할 수 있는 기술이 없었습니다. 여기에 눈독을 들인 선진국들은 자신들의 자본력과 기술력을 이용해서 이 지역의 석유를 시추하고 자국으로 수출해 갔습니다.

석유가 점점 더 중요한 자원이 되는 것을 알아챈 석유 보유국들은 선진국이 더 이상 자신들의 석유를 마음대로 사용할 수 없도록 외국 기업이 소유하고 있던 석유 자원을 국유화하거나 강력한 통제를 통해 석유 가격을 각국 정부가 직접 결정했습니다. 나아가 이러한

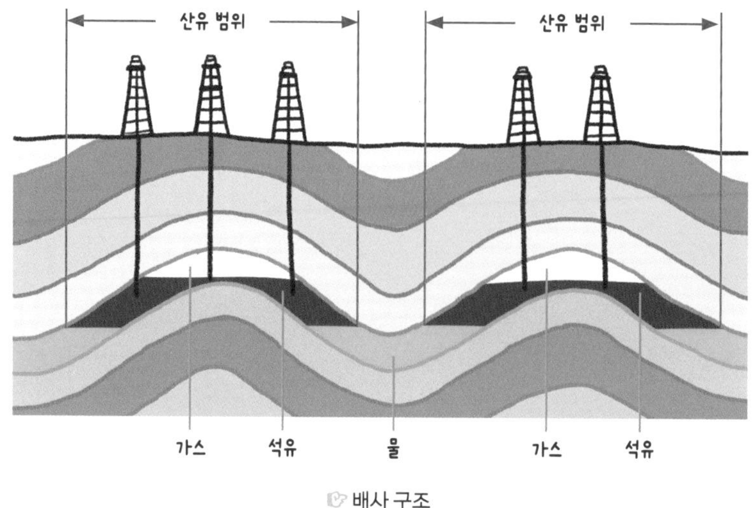

배사 구조

국가들이 모여 석유수출국기구(OPEC)까지 설립했습니다. OPEC은 석유 생산량을 자체적으로 조절하고, 가격을 결정하는 데 큰 영향력을 미치게 되었습니다.

그러다 1970년대 석유 공급 부족으로 석유 가격이 폭등한 '석유 파동' 사태가 발생하자 전 세계는 석유의 중요성을 더욱 뼈저리게 깨달았습니다. 그래서 석유를 풍부하게 보유한 서남아시아 국가들은 석유를 수출한 돈으로 큰 성장을 하게 되었지요.

석유가 많다는 것은 분명 축복이었지만, 대부분 산유국들은 석유'만' 많다고 말할 정도로 환경이 열악한 곳이기도 합니다. 이곳의 기후는 건조 기후인데, 풍부한 석유와 달리 물 자원이 절대적으로 부족했습니다. 오죽하면 석유를 수출한 돈으로 물을 수입해 온다는 얘기를 할 정도이지요. 수자원을 확보하고자 많은 노력을 하고 있지만 모두 일시적일 뿐, 장기적인 해결책이 되지 못해 수자원을 안정적으로 공급하는 것이 가장 큰 과제가 되었습니다.

페르시아만의 산유국들은 석유 가격이 변동될 때마다 가장 큰 영향을 받는 나라들이기도 합니다. 물론 석유 가격이 상승하는 만큼 수입이 늘어나기도 하지만, 반대로 석유 가격이 감소하면 국가 경제에 영향을 줄 정도로 큰 피해를 입습니다.

최근 석유를 대체할 자원이 많이 발견되고 있습니다. 셰일 가스와 샌드 오일 등이 대표적이지요. 과거에는 이것들을 시추하는 비용이 너무 비싸서 관심 받지 못했지만, 최근 기술력이 발전하면서 시추 단가가 많이 낮아지고 생산량은 급격히 증가했습니다. 이런 대체 자원들도 석유 가격에 많은 영향을 주게 되었지요. 석유 가격만 변동해도 나라 전체의 경제가 휘청거린다는 것은 국가가 건강하게 발전하는 데 큰 장애물이 됩니다.

석유가 유한한 자원이라는 점도 위험 요소입니다. 석유 매장량이 아무리 많다 해도 이는 언젠가 고갈됩니다. 과거 산유국들은 석유 이외의 다른 산업에 투자를 많이 하지 않았기 때문에 오늘날에는 석유 고갈에 대비해 석유를 수출한 돈으로 다른 여러 산업에 투자하고 있습니다.

이 중 대표적인 것이 관광업과 첨단 도시입니다. 세계에서 가장 높은 빌딩인 두바이의 부르즈할리파, 사우디아라비아의 네옴시티, 카타르와 UAE의 인공 섬 등이 석유 고갈을 대비해서 만든 시설이라고 볼 수 있습니다.

최근에는 3차 산업에도 관심이 많아 첨단 산업 기술 개발에도 적극 참여하고 있고, 스포츠 관련 사업에도 많은 투자를 하고 있는 것으로 알려져 있습니다. 여러분이 생각하시기에 석유가 많은 서남아시아의 국가들은 축복이라고 생각하시나요? 아니면 저주라고 생각하시나요?

같은 서남아시아 지역 국가라도 페르시아만 연안에 접해 있지 않은 나라는 석유 매장량이 매우 적습니다. 산유국이긴 하지만 석유를 바탕으로 성장할 정도의 매장량을 보유하고 있지는 않지요. 대표적인 예로 튀르키예도 석유를 생산하고는 있지만 국가 성장에 바탕이 되기에는 너무 미비한 양이었습니다. 그래서 튀르키예는 석유가 아닌 제조업에 투자를 하고 이를 바탕으로 경제 성장을 하게 되었습니다.

건조 아시아 지역을 지배한 이슬람교

이슬람교의 성지와 5대 의무

건조 기후가 넓게 나타나는 아시아 지역을 건조 아시아라고도 부릅니다. 건조 아시아는 중앙아시아에서 서남아시아에 이르는 지역을 가리킵니다. 이 지역은 건조 기후라는 유사한 기후 특징을 공유하는 동시에 대부분 이슬람교를 믿는다는 공통점이 있습니다.

이슬람교는 세계 4대 종교로 분류될 정도로 신자 수가 많고 세계적으로 영향을 많이 끼친 종교입니다. 건조 아시아 주민들의 삶은 바로 이 이슬람교와 연관된 점이 매우 많습니다. 건조 아시아 지역에 영향을 미친 이슬람교에 대해서 자세하게 알아보도록 하겠습니다.

우선 이슬람교는 유일신교입니다. 대표적인 유일신교로 유대교, 크리스트교, 이슬람교가 있는데, 세 종교 모두 건조 아시아의 서남아시아 지역에서 탄생했습니다. 이 사실로 미루어보면 건조 기후가 유일신교들이 탄생하는 데 영향을 미쳤을 거라는 추측이 가능합니다.

건조 기후는 농사를 짓기에 적합하지 않은 환경인 데다 인간이 예측할 수 없는 가뭄이나 홍수로 인해 일정한 식량 확보가 어려웠습니다. 게다가 서남아시아는 유럽, 아프리카, 아시아가 모두 만나는 곳이라 여러 이민족의 침입이 잦았습니다. 그래서 이 지역에 살고 있는 사람들은 절대적인 존재를 찾게 되었고 이것이 자연스럽게 유일신교로 이어졌습니다. 유대교, 크리스트교, 이슬람교의 뿌리는 모두 같지만 그들이 추구하는 종교적 교리는 조금씩 다릅니다.

이슬람교를 믿는 사람들은 꼭 지켜야 하는 5대 의무가 있습니다. 이슬람교의 5대 의무는 신앙 고백, 하루 5번의 예배, 라마단 금식, 자선을 위한 희사(喜捨), 성지 순례입니다. 5대 의무 이외에도 몇 가지 지켜야 할 사항들이 있는데 바로 음식입니다. 이슬람교에서 허용된 음식을 '할랄 음식'이라고 하고 금지된 음식은 '하람 음식'이라고 합니다. 돼지고기●가 대표적인 하람 음식입니다.

이슬람교에서는 전통 의상이 있습니다. 여성들은 히잡, 차도르, 부르카, 니캅● 등으로 불리는 옷으로 얼굴과 신체 일부를 가립니다. 남성들은 터번, 카피에 또는 쿠피야라고 불리는 머리 장식을 쓰기도 하고 토브나 깐두라라고 불리는 긴 소매와 발목까지 내려오는 로브를 입기도 합니다.

● 최근 세계화 시대가 되면서 이슬람 국가에서도 돼지고기를 파는 가게들이 생겨나고 있습니다. 하지만 이슬람을 믿는 사람들이 아닌 관광객들을 대상으로 팔고 있습니다. 이슬람 국가에 여행을 가서 할랄 푸드 음식점에 방문하면 전통적인 이슬람 음식을 맛볼 수 있습니다.

● 얼굴을 얼마나 가리는지에 따라 종류가 나뉩니다. 얼굴 전체가 드러나게 얼굴 둘레에만 천을 두르면 히잡, 눈만 보이게 두르면 니캅, 얼굴 전체를 가리면 부르카입니다.

이슬람 전통 의상

이슬람교에는 대표적인 성지 세 곳이 있습니다. 첫 번째 성지인 메카는 무함마드가 탄생한 곳으로 대표 신전인 카바 신전이 있는 곳입니다. 이슬람을 믿는 신자 대부분이 이곳으로 성지 순례를 옵니다. 두 번째 성지는 메디나입니다. 이곳에 무함마드의 묘지가 있다고 알려져 있습니다. 세 번째는 예루살렘입니다. 이곳은 무함마드가 천사의 부름을 받고 승천한 곳으로 알려져 있습니다. 메카와 메디나는 사우디아라비아에, 예루살렘은 이스라엘에 있습니다.

이 중 예루살렘은 유대교, 크리스트교, 이슬람교 세 종교에서 모두 가장 중요한 성지로 꼽힙니다. 그러다 보니 이곳에서는 종교 관련 분쟁이 많이 발생할 수밖에 없습니다. 가장 대표적으로 알려진 분쟁이 중세 시대에 벌어진 십자군 전쟁입니다. 십자군 전쟁에는 여러 가지 목적이 있었지만 유럽 국가들이 대표적으로 내세운 명분은 크리스트교가 이슬람으로부터 성지를 탈환하는 것이었습니다. 당시 예루살렘은 이슬람이 실질적으로 지배하고 있었지요.

이후로도 중동전쟁과 팔레스타인 분쟁, 이스라엘-하마스 전쟁 등 아직도 크고 작은 분쟁이 끊이지 않는 곳입니다. 세 종교의 성지를 한 번에 볼 수 있다는 관광지로서의 매력은 분명하지만, 동시에 그로 인해 끊임없이 아픔을 겪고 있는 곳이기도 합니다.

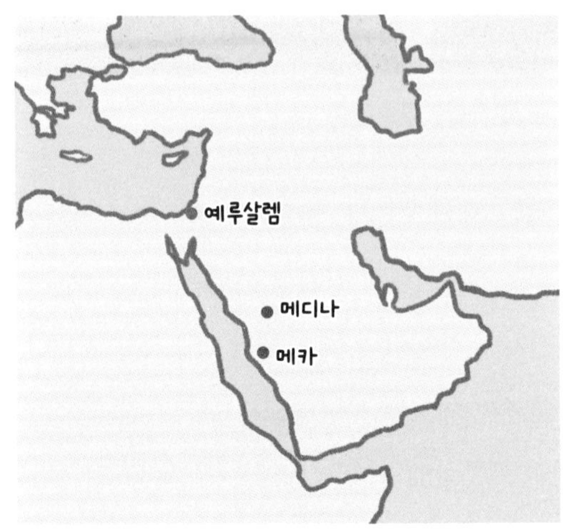

이슬람의 3대 성지

국기를 보면 이슬람 국가인지 알 수 있다?

이슬람에서는 우상숭배를 금지하고 있으므로 어떠한 형상물이나 조각, 그림 등을 남기지 않습니다. 하지만 그럼에도 이슬람을 상징하는 것들이 있는데, 바로 초승달과 오각별입니다. 이슬람에서는 초승달이 매우 중요한 의미를 지니고 있습니다. 이슬람에서 초승달은 진리의 시작을 의미합니다. 그믐밤 어둠을 밝히는 빛의 시작으로 유일신을 상징하지요.

이 초승달과 함께 초저녁 가장 먼저 떠오르는 샛별을 나타내는 오각별은 이슬람교의 5대 의무를 나타냅니다. 그래서 이슬람권의 많은 국가에서 이 초승달과 오각별을 사용하고 있습니다. 올림픽이나 월드컵 같은 국제 행사에서 국기를 봤는데 초승달과 오각별이 있다면 '아~ 이 국가는 이슬람의 영향을 받았구나.'라고 생각해도 무방할 정도입니다.

몸은 아시아인데 머리는 유럽이다?

튀르키예

지리적으로는 유럽과 아시아를 같은 대륙으로 봅니다. 둘을 합쳐 유라시아 대륙이라고 부르지요. 그러나 우리는 문화적 차이에 따라 유럽과 아시아를 구분합니다. 이때 사용되는 지형적 구분의 경계가 러시아의 우랄산맥, 그리고 발칸반도입니다. 이들의 동쪽에 위치한 곳이 아시아, 서쪽은 유럽이 되지요.

그런데 튀르키예는 국토의 약 3%가 발칸반도에 걸쳐 있습니다. 면적은 작지만, 튀르키예 최대의 도시인 이스탄불이 이곳에 있습니다. 또한 역사적으로 보면 튀르키예는 오스만 제국의 중심지 역할을 한 곳이기도 합니다.

오스만 제국의 영향권을 살펴보면 이들의 주요 무대는 튀르키예와 발칸반도, 아프리카 북부 지역이었던 것을 알 수 있습니다. 즉 역사적으로 아시아 지역에서의 활동 범위는 넓지 않았지요. 그러다

☞ 1683년 오스만 제국의 영토

보니 튀르키예는 주변의 서남아시아 국가들과는 조금 다른 모습을 보입니다. 민족(인종)도 약간 다르고, 영향을 받은 국가도 유럽 국가들이 훨씬 많았던 것이지요. 자연스럽게 아시아보다는 유럽과 주로 교류했습니다.

그러다 유럽에서 유럽연합(EU)이 창설되었습니다. '하나의 유럽'이라는 슬로건 아래 유럽 여러 국가가 화폐를 통일하는 등 경제 활동을 함께하고 국경도 자유롭게 드나들 수 있게 되었지요. 유럽연합이 확대되면서 동부 유럽 국가들도 가입했고 이에 튀르키예도 가입 신청을 했습니다. 현재는 가입 협상이 진행되고 있는데 여러 가지 쟁점이 충돌하고 있는 상황입니다.

튀르키예의 인구는 약 8,500만 명 정도인데, 만약 유럽연합에 가입하게 된다면 유럽연합 내에서 인구가 가장 많은 국가가 됩니다. 프랑스와 독일보다도 인구가 많지요. 유럽에 속해 있는 국토의 3%에만 천만 명 이상의 인구가 살고 있습니다. 유럽연합은 이렇게 많은 인구가 유럽연합 내에서 자유롭게 이동하면서 생길 수 있는 문제를 걱정하고 있는 것이지요.

게다가 유럽은 주로 크리스트교를 믿고, 튀르키예는 이슬람교를 믿기 때문에 종교가 그들의 삶에 끼치는 영향도 매우 다르니까요. 문화적으로 다른 나라와 함께한다는 것이 쉽지만은 않은 일입니다.

또 다른 문제도 있습니다. 유럽연합을 하나의 공동체 국가로 봤을 때 튀르키예가 유럽연합에 가입한다면 다른 서남아시아 국가인 시리아, 이란, 이라크 등과 바로 국경을 맞닿게 됩니다. 이곳에서의 분쟁, 난민, 경제적 상황 등이 유럽에 더욱 직접적인 영향을 끼칠 수 있다는 것도 중요한 요소이지요. 러시아-우크라이나 전쟁이 발발하면서 튀르키예의 유럽연합 가입이 뜨거운 감자로 떠올랐습니다. 과연 유럽연합에 가입을 할 수 있을지, 여러분의 생각은 어떠신가요?

유럽축구리그에 참가하는 아시아 국가들

유럽과 아시아를 구분하는 경계인 우랄산맥과 발칸반도 주변에 위치한 나라들은 유럽과 친하게 지내고 싶어 합니다. 대표적인 나라가 튀르키예와 카자흐스탄입니다. 이들 나라는 국토 대부분이 아시아에, 일부가 유럽에 속해 있습니다. 이를 이용해 유럽과 좋은 관계를 맺고 싶어 하는 것이지요. 유럽축구연맹(UEFA)은 유럽 대륙에 속한 국가라면 회원국으로 가입할 수 있습니다. 그래서 일부 영토가 유럽 대륙에 있는 튀르키예와 카자흐스탄은 유럽축구연맹에 가입하고 유럽 축구 대회에 참여하고 있습니다. 그래서 우리나라가 월드컵 지역예선전을 치를 때에도 유럽축구연맹에 속한 튀르키예와 카자흐스탄과는 예선전을 치르지 않습니다.

재미있게도 축구를 제외한 올림픽 관련 종목들은 아시아에서 출전하고 있습니다. 유럽의 축구 인기가 매우 높아 유럽과의 관계 확장을 위해 축구연맹만 유럽으로 가입한 것이지요.

끝없는 분쟁으로 고통받는 난민들

시리아와 팔레스타인

서남아시아 지역은 유대교, 크리스트교, 이슬람교의 기원지이자 유럽과 아시아를 연결하는 역할을 하다 보니 다양한 종교와 민족이 부딪히는 장소가 될 수밖에 없었습니다. 그래서 이곳을 다루는 뉴스에는 대부분 분쟁과 관련된 안타까운 사건이 많이 보도되고 있습니다. 수많은 분쟁이 있지만 대표적인 두 가지 분쟁을 살펴보려고 합니다. 바로 시리아 내전과 팔레스타인 분쟁입니다.

서남아시아와 북부 아프리카의 여러 이슬람 국가는 독재 정권인 곳이 많았습니다. 이러한 독재 정권을 타파하고 민주주의 국가를 설립하고자 여러 곳에서 '아랍의 봄'이라 불리는 민주화 운동이 일어났습니다. 이 운동이 2010년 튀니지 혁명 이후 폭발하면서 주변 국가들이 많은 영향을 받았지요.

시리아는 알 아사드 정권이 40년 넘게 독재를 하고 있었습니다.

시리아도 독재 정권을 타파하고 민주주의 국가가 설립되기를 바랐지요. 알 아사드 정권이 퇴진하기를 바라는 시위가 벌어지던 중 정부군이 쏜 총에 민간인이 사망하면서 내전으로 이어지게 되었습니다.

시리아는 위치적 특성상 여러 민족(인종)이 살고 있고, 거기에 같은 이슬람 내에서도 수니파·시아파 등의 분파까지 다른 상황이었습니다. 이때 시리아에 민주주의 정권이 세워지는 것을 원하는 자유시리아군이 등장했고, 이에 맞서 시리아를 꾸란(코란) 교리에 충실한 정통 이슬람 국가로 만들려는 극단주의적 반군도 등장했습니다.

여기에 더해 쿠르드족도 있었는데, 쿠르드족은 시리아 정부로부터 그동안 인정받지 못했던 자신들의 자치권을 얻고자 내전에 참여했습니다. 설상가상으로 최근 테러 세력으로 이름을 알린 IS까지 이곳에 합세했지요. IS는 다른 종교를 모두 없애고 이슬람 신정 국가를 만드는 것이 목표입니다. 기존 알 아사드 정부까지 크게 이 다섯 세력이 서로를 계속해서 공격하는 혼란스러운 상황이 벌어졌습니다.

심지어 주변국과 세계 강대국들이 지원하는 세력도 각기 다릅니다. 이란과 러시아는 경제적 이득을 취하고자 알 아사드 정부에 무기와 자금을 공급해 주고 있습니다. 이로 인해 UN회의에서 여러 국가의 질타를 받기도 했습니다.

그 외에 미국은 쿠르드족을, 사우디아라비아는 극단주의 세력을 지원하고 있습니다. 사우디아라비아와 이란은 이슬람 분파인 시아파와 수니파로 인해 서로 갈등이 심한 상황인데, 이란과 사이가 좋은 알 아사드 정권을 빠르게 몰아세우기 위해서라고 합니다.

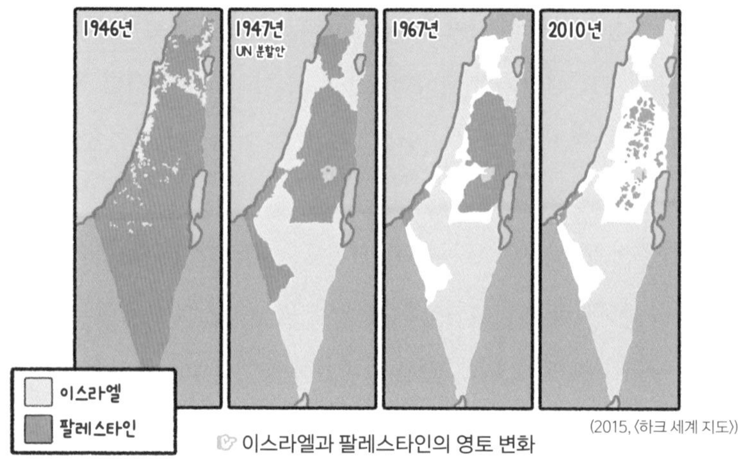

(2015, 〈하크 세계 지도〉)
이스라엘과 팔레스타인의 영토 변화

정치적, 종교적, 국제적 이해관계에 IS까지 개입하면서 복잡해진 상황에 피해는 시리아 사람들이 가장 크게 받고 있습니다. 2024년 12월, 시리아 반군이 내전 승리를 공식 선언하면서 내전은 일단락되었습니다. 더는 전쟁이 일어나지 않고 시리아에 평화가 찾아오기를 전 세계가 바라고 있습니다.

팔레스타인 분쟁은 이스라엘과 팔레스타인 사이의 갈등입니다. 유대인들은 하나의 독립적인 국가를 유지하지 못하고 전 세계에 흩어져서 살고 있었습니다. 이들은 현재 이스라엘 지역이 예언(계시)에 나온 지역이라고 보고, 언젠가는 이 지역에 다시 터를 잡을 것이라 믿고 있었지요.

그렇게 유대인들이 흩어져서 살고 있을 때 이 지역에는 팔레스타인 사람들이 국가를 세우고 살아갔습니다. 따라서 이곳은 오랫동안 이슬람의 영향을 받았습니다. 그러다 제2차 세계대전 중 유대인들은 그동안 받은 차별과 독일의 히틀러가 자행한 학살을 경험하며 하나의 국가를 반드시 세워야겠다고 결심하고 이스라엘 지역에 국가를 세웠습니다. 팔레스타인 사람들이 살고 있던 땅에 갑자기 또 하나의 국가가 생긴 것이지요.

현재 이스라엘 지역은 팔레스타인과 이스라엘이 서로 영토를 나눠 갖고 있습니다. 전 세계의 수많은 유대인이 이곳으로 모여 이스라엘을 건국한 이후 원주민인 팔레스타인 사람들은 점점 영토를 잃고 쫓겨가고 있는 것입니다.

팔레스타인 사람들은 가자지구와 서안지구로 몰리고, 나머지 지역에 있는 사람들은 난민이 되는 상황에 이르렀습니다. 이스라엘은 계속해서 영토를 확장하고 이에 팔레스타인이 저항하면서 무력 분쟁까지 일어나고 있습니다. 이들은 오랫동안 무력 충돌과 휴전 협정을 반복하고 있지요. 이를 제지하기 위해 UN이 개입했지만 큰 효과를 보지 못했습니다. 이곳 역시 세계 강대국이 서로를 지원해 주면서 분쟁이 길어지고 있기 때문입니다.

이로 인해 가장 큰 피해를 받는 사람도 역시나 이곳의 민간인들입니다. 수많은 난민과 사상자가 발생하고 있지요. 2023년 10월에는 이스라엘과 팔레스타인 간에 큰 전쟁이 일어났습니다. 관련 국가들이 워낙 많고 이해관계가 서로 얽혀 있다 보니 세계 경제에도 엄청난 영향을 주고 있습니다. 단순 두 나라의 전쟁이 아닌 전 세계가 연관되어 있는 상황이기 때문에 더욱 위태로운 상황에 놓여 있다고 볼 수 있습니다.

이슬람이라고 다 같은 이슬람이 아니다?

시아파와 수니파

이슬람교는 기본 교리와 관행 면에서 모든 무슬림[•]이 공통적인 모습을 보이지만, 사상이나 종교 의례, 율법적 해석 등의 차이로 인해 다양한 분파로 나뉘게 됩니다. 그중 가장 대표적인 두 분파가 수니파와 시아파입니다.

이슬람교의 창시자이자 예언자 무함마드는 632년에 사망할 때까지 후계자를 지명하지 않았습니다. 그래서 아랍 무슬림들은 아랍족의 오랜 전통에 따라 만장일치 제도로 정치적 후계자인 칼리프를 선출했습니다. 그러나 무함마드의 유일한 부계 혈통이었던 사위 알리는 칼리프가 되지 못하다가 656년에 이르러 네 번째 칼리프가 되었습니다. 알리는 칼리프가 된 지 5년 만에 살해되었고, 그의 추종자

• 이슬람교도를 의미하는 아랍비아어입니다.

들은 분노와 적개심을 가진 채 시아● 파가 되었습니다. 자연스럽게 남아 있던 무리들은 수니● 파가 되었습니다.

이슬람교에서는 통상적으로 수니파를 정통파로 인정합니다. 시아파는 알리 이전의 세 칼리프를 정통 칼리프로 보지 않고 찬탈자로 보며, 무함마드의 정통 계승자는 알리라고 주장합니다. 시아파는 알리의 후손을 믿고 따르며 현재 이란을 중심으로 전체 무슬림의 약 10%를 차지하고 있습니다.

수니파와 시아파는 코란을 기본 경전으로 받아들이는 등 이슬람의 믿음과 관행에서는 거의 차이가 없습니다. 그러나 이슬람 신앙 고백인 '샤하다'에서 약간의 차이를 보입니다. 수니파의 샤하다는 '알라 이외에는 신이 없고, 무함마드는 알라의 예언자이다.'라는 문장으로 끝나지만, 시아파는 그 뒤에 '알리는 신의 사랑을 받은 자이며, 신자들의 사령관이고, 신의 친구이다.'라는 말을 덧붙입니다.

또한 수니파는 무함마드를 신의 계시를 단순히 전달만 하는 무지한 인물이라고 주장하는 반면, 시아파는 무함마드를 높은 학식을 갖춘 완전무결하고 신적 속성을 지닌 인물이라고 주장합니다. 이와 더불어 시아파는 무함마드의 신적 속성들이 그의 딸과 사위(알리), 나아가 자손들에게도 부여되었다고 주장합니다. 그러나 수니파는 이러한 시아파의 주장을 인정하지 않기 때문에 동일한 신 '알라'를 두

● '시아'란 떨어져나간 무리라는 뜻입니다.

● '수니'란 무함마드의 예언인 '수나를 따르는 사람'이라는 뜻입니다.

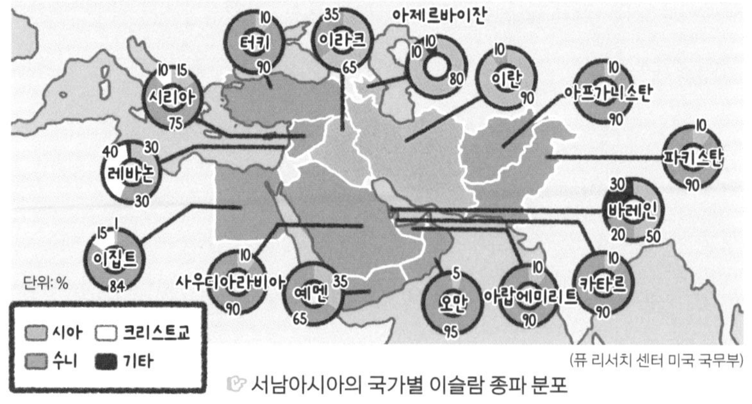

서남아시아의 국가별 이슬람 종파 분포

고 두 분파 사이의 갈등이 오랫동안 지속되고 있습니다.

현재 시아파는 이란, 이라크, 아제르바이잔에서 주로 볼 수 있습니다. 이란 국민의 91%, 이라크 국민의 65%, 아제르바이잔 국민의 80% 정도가 시아파라고 합니다. 그 밖에 시리아, 레바논, 예멘, 바레인에도 시아파가 많습니다. 나머지 서남아시아와 북부 아프리카, 중앙아시아와 남부아시아, 동남아시아의 이슬람교를 믿는 국가는 대부분 수니파입니다.

시아파와 수니파 사이의 갈등이 대표적으로 드러난 사례가 바로 이란-이라크 전쟁입니다. 물론 많은 원인이 있지만, 수니파와 시아파의 갈등이 발단이 되어 전쟁으로 이어졌습니다. 이외에도 크고 작은 갈등들이 현재까지 이어지고 있습니다. 앞에서 살펴본 시리아 분쟁, 이스라엘-팔레스타인 분쟁 등 서남아시아 지역에서 일어나고 있는 크고 작은 분쟁에 시아파가 개입하느냐, 수니파가 개입하느냐의 문제로 그 분쟁의 규모가 달라지기도 합니다.

호수를 사수하라

카스피해와 아랄해

중앙아시아의 지도를 보면 크고 작은 호수와 바다를 볼 수 있는데, 이 많은 바다와 호수 중 이 지역에서 가장 유명한 것이 바로 카스피해와 아랄해입니다.

중앙아시아 지역은 대부분 건조 기후인 데다 내륙 지역이기 때문에 물을 구하는 것이 다른 지역보다 어렵습니다. 그래서 이렇게 물이 많이 모인 곳은 중심 지역이 될 수밖에 없지요.

카스피해는 주변 나라에 꼭 필요한 내륙해입니다. 하지만 이곳에는 물만 있는 것이 아닙니다. 바로 대량의 석유와 천연가스가 매장되어 있지요. 석유와 천연가스는 오늘날 가장 필수적인 자원입니다. 당연히 주변국들은 저마다 이 석유와 천연가스에 대한 소유권을 주장하기 시작했습니다.

문제는 카스피해가 내륙에 있다는 것입니다. 그래서 카스피해를

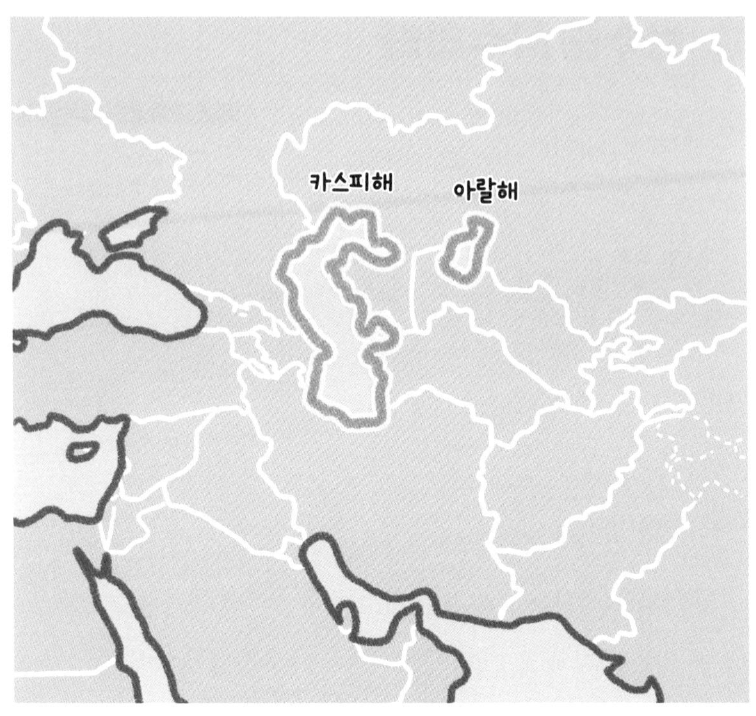

카스피해와 아랄해

바다로 볼 것인지, 호수로 볼 것인지가 큰 화두로 떠올랐습니다. 카스피해가 호수처럼 사방이 육지로 막혀 있긴 하지만 규모를 보면 충분히 바다로 볼 수 있는데, 만약 바다로 본다면 카스피해와 접한 국가들은 카스피해와 맞닿은 해안선의 길이만큼 소유권을 주장할 수 있습니다. 그래서 카스피해에 해안선을 길게 접하고 있는 국가들은 카스피해가 바다라고 주장합니다.

하지만 호수로 보면 이야기가 달라집니다. 호수의 소유권은 국제법상 호수와 접하고 있는 국가들이 길이나 면적에 상관없이 n분의

1씩 똑같이 나눠 소유하기 때문입니다. 그래서 카스피해와 접한 지역이 크지 않은 국가들은 카스피해에서 생산되는 자원들을 균등하게 분배받기 위해 카스피해가 호수라고 주장하지요.

원래 카스피해와 접한 국가는 소련과 이란 둘뿐이었으나 소련이 해체되고 독립국들이 생겨나면서 카스피해를 둘러싼 국제 이해관계가 크게 충돌하고 있었습니다. 그러다 2018년, 카스피해를 둘러싼 연안국 5개국(러시아, 이란, 우즈베키스탄, 투르크메니스탄, 아제르바이잔)이 모여 결국 분쟁 27년 만에 카스피해는 바다라고 합의했습니다.

아랄해는 중앙아시아에 있는 호수로 주변 신기조산대의 만년설이 녹아 생긴 하천이 모여드는 중요한 호수입니다. 이곳 역시 마찬가지로 건조 기후이다 보니 농업, 산업 등의 분야에서 물이 필수적이었고, 이 아랄해로 흘러가는 하천의 물을 관개해서 쓸 수밖에 없는 상황이었습니다.

아랄해로 흘러가는 강은 아무다리야강과 시르다리야강이 대표적입니다. 이 강의 상류 지역에 위치한 국가들은 댐을 짓고 산업 발전을 위해 물을 관개했습니다. 당시 이 지역에서 주로 행해졌던 산업은 목화 산업입니다. 목화 산업에는 엄청난 양의 물이 필요했고, 아랄해로 흐르는 하천의 물을 점점 과도하게 관개하자 자연스럽게 아랄해가 줄어들기 시작했습니다.

사실 카스피해와 아랄해의 물을 바로 식용으로 쓸 수는 없습니다. 건조 지역에 위치하고 있고, 지리적 특성 때문에 물에 염분이 녹아들어 있기 때문이지요. 하지만 그렇다고 해서 가치가 없는 물은 아

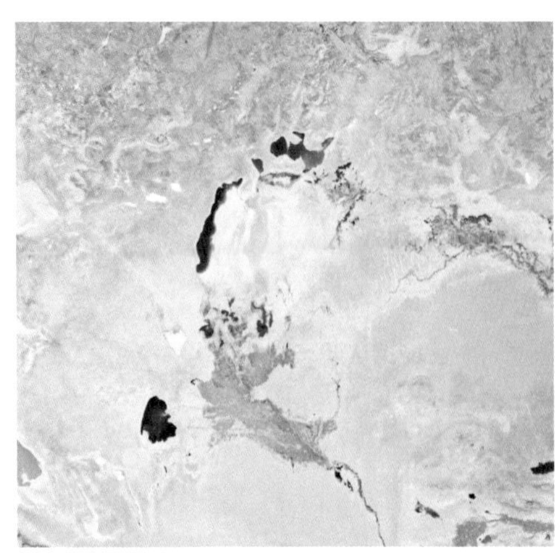

환경 변화로 메말라 가는 아랄해

닙니다. 꼭 식용이 아니더라도 물은 주변 생태계에 영향을 줄 뿐 아니라 산업 전반에서도 필요한 자원입니다.

그러나 지금의 아랄해는 물이 거의 증발해서 염분이 그대로 노출되어 있고, 염분이 섞인 모래바람이 불면서 이 바람이 사람에게 호흡기 질병을 유발하고 농작물을 위협하는 등 주변 지역에 큰 피해를 주고 있습니다.

아랄해를 복구하려는 여러 노력이 있었지만 이미 훼손된 자연을 돌이킬 수는 없었고, 지금은 원래 크기를 상상할 수 없을 정도로 축소되었습니다. 인간의 개발이 지형을 완전히 변화시킨 셈이지요. 최근 지구 온난화로 기후 변화가 심각해지는 가운데, 안 그래도 물이 귀한 곳에서 더더욱 수자원이 줄어든 이곳이 하루빨리 원래 상태로 돌아가기를 바랍니다.

건조 기후 국가들이 물을 얻는 방법

신기조산대와 오아시스

비단길 또는 실크로드라는 말을 들어본 적 있나요? 과거 중국 대륙에서부터 중앙아시아, 서남아시아, 유럽의 지중해를 가로질러 세계를 이어주는 동서 교역 루트를 말합니다.

실크로드(비단길) 경로

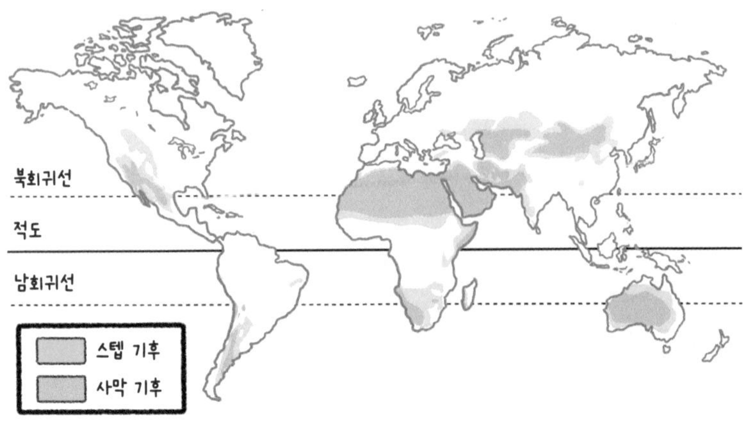

건조 기후 분포

그런데 과학 기술이 발달하지 않은 옛날 사람들은 어떻게 이 긴 실크로드를 횡단했을까요?

질문을 살짝 바꿔서, 지도를 보면 실크로드가 지나는 곳은 대부분이 건조 기후 지역입니다. 앞에서도 설명했듯이 건조 기후는 물이 부족한 곳입니다. 과거 사람들은 어떻게 이 실크로드를 지나가면서 갈증을 해소하고 수분을 보충할 수 있었을까요? 그 해답은 이 지역의 신기조산대를 보면 알 수 있습니다.

실크로드가 지나는 주요 교역로를 보면 험준한 신기조산대를 따라서 교역로가 형성되어 있는 것을 볼 수 있습니다. '험준한 산지인 신기조산대에 어떻게 교역로가 있을 수 있지?'라는 생각이 들 수 있지만, 자세히 보면 신기조산대를 가로지르는 것이 아니라 신기조산대를 따라 수평적으로 교역로가 형성되어 있습니다. 그 이유는 산

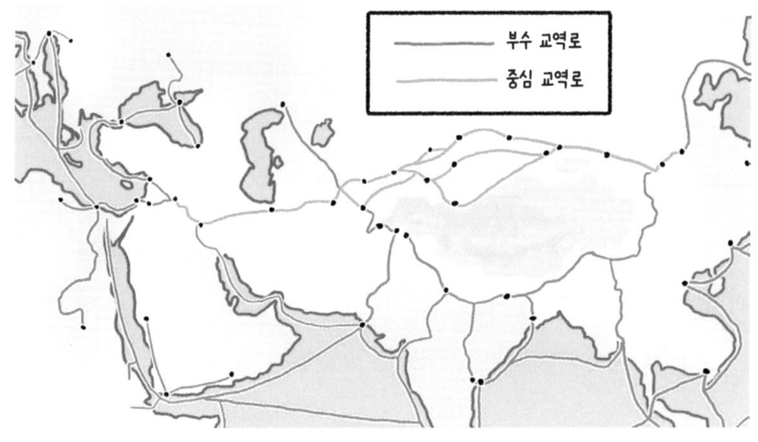

신기조산대를 따라 만들어진 실크로드

근처가 바로 물을 얻을 수 있는 경로이기 때문입니다.

실크로드의 중심 교역로는 신기조산대 산기슭을 따라 형성되었습니다. 그 이유는 이 지역에 자리 잡은 도시들이 다른 건조 지역에 비해 물을 구하기가 쉽기 때문입니다. 중국 서부와 서남아시아를 잇는 지역에는 매우 높은 신기조산대가 있는데, 이곳의 만년설이 주변 지역에 훌륭한 수분 공급원이 되어주고 있습니다.

우리는 오아시스라는 말을 들으면 사막 한가운데 물웅덩이와 야자수 나무가 드문드문 있는 모습을 상상하곤 합니다. 이런 오아시스는 사하라 사막 등 신기조산대가 주변에 없는 중위도 지역에 지하수로 만들어진 지형입니다.

반면 실크로드가 지나가는 지역의 오아시스는 신기조산대의 만년설이 녹아 지하수로 흘러들고, 그 지하수가 용천해서 생긴 오아시스입니다. 실크로드의 주요 도시들은 과거 교역로를 이동하는 사람들이 물이 부족할 때 쉬어갈 수 있는 정도의 간격으로 배치되어 있습니다. 그래서 과거에도 교역로를 이동하는 중에 적절히 수분을 보충하면서 그 먼 거리를 이동할 수 있었던 것이지요.

이렇게 실크로드 교역로가 지나간 도시들은 동서 사람들이 왔다 갔다 하는 교차점에 있었던 덕분에 역사적으로 번영했고, 지금도 해당 지역에서 중심 도시로 자리 잡고 있습니다.

우리나라 축구 국가대표팀은 왜 중동 원정 성적이 좋지 않을까?

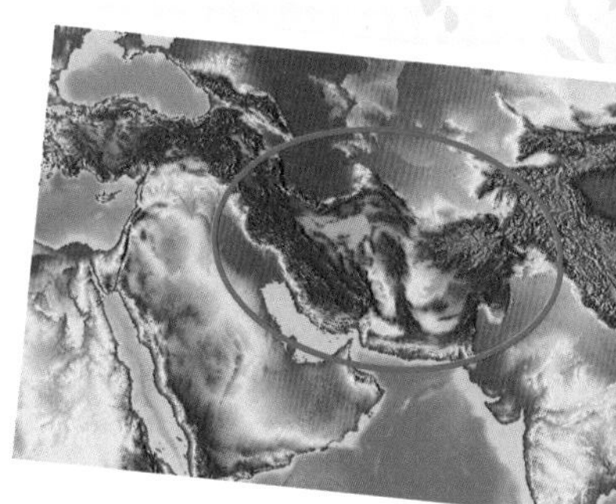
이란의 지형과 해발고도

우리나라 축구 국가대표팀의 최대 라이벌은 어느 국가라고 생각하나요? 당연히 일본이 가장 먼저 떠오르겠지만, 축구 팬이라면 또 한 나라를 말할 것입니다. 바로 이란입니다. 우리나라는 이란과 국가대표 축구 경기에서 항상 박빙의 승부를 펼쳐왔습니다.

지금까지 이란과의 역대 전적은 10승 10무 13패입니다. 여기서 놀라운 점은 우리나라가 거둔 10승 중 이란으로 원정을 가서 이긴 경기는 단 한 번도 없다는 것입니다. 즉 이란에서 경기가 벌어지면 우리나라는 늘 비기거나 지기만 했다는 뜻이지요. 그 이유를 지리적 관점으로 한 번 살펴볼까 합니다.

위 지도는 이란 주변 국가들의 해발고도를 표시한 지도입니다. 빨간색 동그라미가 있는 곳이 이란입니다. 붉은색으로 표시된 산맥이 가장 먼저 눈에 띄네요. 지도에서 보이는 것처럼 이란은 높고 험준한 신기조산대가 지나가는 지역입니다.

이란의 수도 테헤란은 고도 약 1,200m에 위치한 고산 지역입니다. 게다가 이란이 있는 곳은 건조 기후에 속해서 높은 기온, 뜨거운 태양, 고산 지역의 산소 부족 등이 우리나라 축구 국가대표 선수들에게는 큰 어려움으로 작용하지요. 이곳에서 축구 연습을 계속한 이란 선수들은 적응이 되어 있지만, 다른 나라 선수들은 이곳에서 경기하기가 쉽지 않을 것입니다. 오죽하면 우리나라 언론에서는 이란 원정을 떠나면 무승부만 하고 와도 잘한 것이라는 기사를 많이 쓰곤 합니다.

게다가 과거에 이란은 여성의 축구 경기 관람을 금지하고 있었습니다. 그래서 남성 관중들이 지르는 환호성이 우리나라 선수들에게 엄청난 압박이 되었다고 합니다. 참고로 2022년부터는 이란 여성들도 축구 경기를 관람할 수 있게 되었습니다.

이란처럼 신기조산대에 위치한 국가들은 대체로 축구 경기에서 홈 성적이 유독 좋은 경우가 많습니다. 남아메리카의 볼리비아는 해발고도 3,600m에 홈 경기장이 있습니다. 이란보다 세 배나 높고, 한라산은 물론 백두산보다도 높아서 원정팀의 무덤이라고 불립니다. 브라질, 아르헨티나 등 축구를 가장 잘하는 국가들도 볼리비아 원정만 가면 숨이 차고, 심하면 고산병이 와서 실력을 제대로 보여주지 못합니다. 하지만 볼리비아 축구팀이 해발고도가 낮은 평지 지역에서 경기를 하면 반대로 다른 나라가 이기기 쉬운 상대가 된다고 하네요.

2장

유럽

세계대전의 아픔을 잊고 하나가 되자

유럽연합의 탄생

서양 역사를 보면 유럽 지역은 수많은 전투와 전쟁의 연속입니다. 그 과정에서 많은 나라가 탄생하고 사라졌지요. 유럽에서는 왜 이렇게 전쟁과 전투, 싸움이 많이 일어났을까요? 그 이유는 바로 지형 때문입니다.

유럽의 지형을 살펴보면 높고 험준한 알프스산맥이 동서로 이어지고, 북유럽 평원·동유럽 평원이라고 불리는 넓은 대평원이 자리하고 있습니다. 넓은 평지의 가장 뚜렷한 특징은 바로 장애물이 없다는 것입니다. 산맥이나 방어에 유리한 지형지물이 없는 평야 지역은 국가가 형성되어도 서로 개방된 형태일 것이고, 자연히 전쟁과 전투가 많아질 수밖에 없었지요.

이 대평원이라는 지형적 요소 때문에 유라시아 대륙 동쪽에 살던 민족들이 유럽으로 대이동해 오는 일도 있었습니다. 그러다 보니 많은 민족·인종·종교들이 유럽에 혼재하게 되었고, 유럽은 고대 그리스 시대부터 계속해서 싸움이 끊이지 않았습니다. 이 과정에서 문명과 과학이 발달하고, 수많은 나라가 생겼다가 사라지기를 반복했지요. 인류 역사상 최악의 전쟁도 유럽에서 일어났는데 바로 제1차, 제2차 세계대전입니다.

유럽의 지형

두 세계대전은 수많은 희생과 파괴를 만들어냈습니다. 이때의 유럽을 보통 폐허로 비유하곤 합니다. 세계대전이 일어나기 직전까지만 해도 유럽은 유럽 밖의 여러 나라를 식민지로 삼고 전 세계를 쥐락펴락할 정도로 강력했습니다. 하지만 세계대전이 끝나자 이곳이 정말 전 세계를 호령했던 곳이 맞나 의문이 들 정도로 폐허로 변해버리고 말았지요. 유럽 국가들은 자립할 힘이 부족해 서로서로 도울 수밖에 없었습니다. 그래서 하나둘씩 서로 힘을 합쳐보기로 했습니다.

하지만 민족·인종·종교 등이 다양한 유럽에서 갑자기 모든 것을 공유하고 힘을 합치기란 불가능했습니다. 바로 이전에 세계대전이라는 이름 아래 서로 총과 대포를 겨누던 사이였으니까요. 그럼에도 유럽 사람들은 모두 전쟁으로 인한 상처를 회복하자는 공통된 목표를 추구하고 있었습니다.

전쟁으로 폐허가 된 국토를 다시 살릴 원동력은 다름 아닌 산업

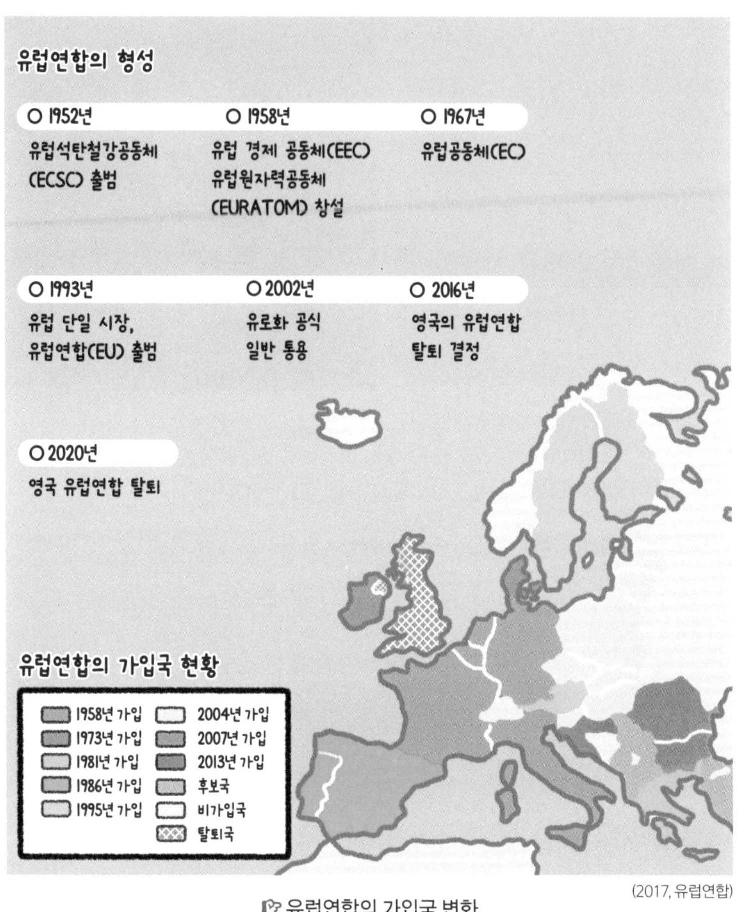

유럽연합의 가입국 변화

이었습니다. 산업에서 반드시 필요한 것은 자원이지요. 그래서 유럽의 일부 국가들은 자원을 함께 관리하면서 힘을 합쳐보자고 제안했습니다. 이것이 유럽연합의 첫 시작인 유럽 석탄 철강 공동체(ECSC)입니다.

ECSC는 기대 이상의 좋은 시너지 효과로 함께 폐허가 된 국토를 복구하고 산업을 부흥하는 데 큰 도움이 되었습니다. 그래서 ECSC의 가입국들은 '한 단계 더 나아가 볼까?' 하고 연합을 발전시켰는데, 이때 탄생한 것이 유럽 경제 공동체(EEC)와 유럽 원자력 공동체(EUROTOM)입니다. 이 공동체들 역시 유럽 국가들의 좋은 호응을 이끌어냈지요. 그러면서 유럽 국가들은 서로 연합했을 때 장점이 많다는 것을 깨달았습니다.

그 결과 종합적인 국가 연합 성격을 띤 유럽공동체(EC)가 탄생했고, 이 유럽공동체(EC)는 1993년 우리가 알고 있는 유럽연합(EU)으로 발전했습니다. 처음 12개국으로 시작한 유럽연합은 2000년대 중반 소련에서 탈퇴한 동부 유럽 국가들이 다수 가입하면서 28개국의 회원국으로 유지되다가, 2020년 1월 영국이 탈퇴하면서 현재는 27개국이 되었습니다.

우리는 여기서 빠질래!

유럽연합을 탈퇴한 영국

유럽연합(EU) 회원국들은 유럽 전체의 정치적·경제적 통합을 이루려 했습니다. 이에 따라 거의 모든 유럽 국가가 유럽연합에 가입하기를 희망하는 분위기가 있었는데, 여기서 유럽연합에 속해 있던 주요국이 탈퇴를 하는 일이 벌어집니다. 바로 영국입니다. 영국(Britain)과 탈퇴(exit)의 합성어인 브렉시트(Brexit)라는 단어가 이때 탄생했지요. 왜 영국은 유럽연합에서 탈퇴하려고 한 것일까요?

유럽연합의 특징을 간략히 살펴보면 통일된 화폐(유로)를 사용하고, 국경 이동이 자유롭고, 물자가 이동할 때 관세를 부과하지 않으며, 유럽 내의 정치적·경제적 상황을 함께 공유하고 극복한다는 것입니다. 이처럼 통합이 된다는 것이 거시적으로 봤을 때는 좋아 보일 수도 있지만, 각 나라의 상황이 모두 다르기 때문에 통합하는 과정은 물론 통합이 된 후에도 크고 작은 어려움이 있었습니다.

그중 대표적인 것이 유로화입니다. 유럽연합의 국가들은 각 나라의 경제 사정이 다른데도 불구하고 같은 화폐를 쓰고 있다 보니 경제적 대응이 쉽지 않았지요. 예를 들어 유럽의 한 나라가 내수 경제 사정이 매우 안 좋은데 유로화의 환율이 큰 폭으로 변동한다면 경제 위기가 생길 수 있습니다. 이것이 단적으로 드러난 사례가 그리스의 금융 위기 사태입니다.

유럽연합에 속한 국가들은 사람의 이동뿐만 아니라 물자, 자본, 일자리의 이동도 자유로웠습니다. 그래서 상대적으로 경제가 낙후된 동부 유럽 국가에서 북부 유럽이나 서부 유럽의 경제 대국들로 노동력이 많이 이동하는 양상을 띠었지요. 그러다 보니 북부·서부 유럽의 많은 국가가 해외 이주 노동력에 크게 의존할 수밖에 없는 상황이 되었습니다. 특히 사람들이 하고 싶어 하지 않는 3D 업종에 해외 이주 노동력이 많이 몰렸습니다.

그러나 영국은 타국 사람들이 너무 많이 오는 것을 선호하지 않았습니다. 해외 노동력만 오는 것이라면 어떻게든 관리할 수 있었겠지만, 서남아시아와 북부 아프리카 등에서 발생한 난민들이 유럽으로 넘어오면 이들이 유럽연합의 자유로운 이동을 이용해 자국으로 들어올 수 있다는 불안감이 있었던 것이지요. 물론 영국은 서남아시아나 북부 아프리카 지역과 물리적 거리가 비교적 멀었지만, 그럼에도 걱정이 컸던 모양입니다.

게다가 영국은 오래전 유럽연합에 가입했음에도 유로화가 아니라 자국 통화인 파운드를 사용하고 있었습니다. 파운드를 계속 사용하면 혹시 미래에 닥칠 세계 경제 위기에 대처하기가 용이하기 때문입니다. 그런데 영국은 금융이 엄청나게 발달한 나라이기 때문에 유로화가 가장 많이 통용되는 곳은 아이러니하게도 영국 런던이었습니다. 즉 유로화를 사용하고 있지 않으면서 유로화로 돈을 벌고 있는 나라였습니다.

원래 유럽연합의 가입국들은 유럽연합을 유지·운영하기 위한 분담금을 내야 합니다. 금액은 각 나라의 GDP에 비례해서 내야 했는데, 영국은 GDP가 높은 편이라 독일 다음으로 분담금을 많이 내는 나라였습니다. 하지만 이 분담금이 다시 영국으로 돌아오는 것이 아니라 유럽연합에서 경제적으로 어려운 나라들을 위해 쓰이는 경우가 많았기 때문에 영국은 이 돈을 내는 것이 아깝다는 생각이 든 것이지요.

영국 입장에서 유럽연합의 단점에 관해 이야기했지만, 이런 단점에도 불구하고 유럽연합이 가져다주는 장점도 많았습니다. 그래서 전문가들 사이에서는 단점들을 감수하고서라도 계속 유럽연합에 속해 있는 것이 유리하다는 의견이 많았습니다. 실제로 영국 안에서도 유럽연합을 유지하자는 의견이 많았고요.

그러던 2014년, 영국 총리가 두 번째 선거에 나서면서 재선 공약을 하나 세웠습니다. 바로 유럽연합 탈퇴를 국민 투표에 부치겠다는 것이었습니다. 총리는 재선에 성공해서 국민 투표를 하더라도 당연히 유럽연합에 남겠다는 결과가 나올 것이라 생각했습니다. 사람들의 관심을 받고 재선하기 위해 무리한 노림수를 사용한 셈이지요.

실제로 총리는 재선에 성공했고, 공약대로 국민 투표를 실시했습니다. 하지만 국민 투표 결과는 총리의 생각과 달랐습니다. 탈퇴 찬성 51%, 탈퇴 반대 49%로 유럽연합에서 탈퇴하자는 의견이 채택된 것입니다. 총리는 이 결과에 대해 모든 책임을 지고 사퇴했지만, 국민 투표의 결과를 뒤집을 수는 없었습니다.

결국 영국은 의회를 거쳐 최종적으로 2020년 유럽연합에서 탈퇴했습니다. 이제 타국에서 온 사람들은 영국에 일자리를 얻으려면 따로 비자를 받아야 하는 상황이고, 물자 이동도 자유롭지 못합니다. 2020년부터 코로나바이러스 사태가 벌어지면서 영국은 더욱 어려운 상황에 처했습니다. 영국 내에서는 다시 유럽연합에 가입해야 한다는 의견이 점점 거세게 나오고 있는 상황입니다. 과연 영국은 유럽연합에 재가입할까요, 아니면 유럽의 외딴섬으로 남게 될까요?

유럽의 지역 갈등

벨기에 스페인 이탈리아 영국

유럽은 과거부터 많은 전쟁을 겪으면서 수많은 이주민이 함께 어우러져 살고 있는 대륙입니다. 그러다 보니 민족, 종교, 문화, 언어, 경제적 상황 등이 완전히 다른 사람들과 한 나라에 살기도 하고, 원래 함께 살았으나 따로 떨어져 살아야 하는 상황도 발생했지요.

앞에서 설명한 것처럼 유럽은 유럽연합을 통해 하나의 공동체가 되어가기도 하지만, 그 내부에는 크고 작은 독립 운동과 지역 갈등이 매우 많습니다. 그중 가장 이슈가 큰 분쟁들을 살펴보도록 하겠습니다.

영국의 북아일랜드와 스코틀랜드

영국은 영어로 어떻게 표현할까요? 잉글랜드(England)라고 생각했다면 조금은 아쉬운 답입니다. 영국의 정식 명칭은 The United

유럽 분리주의 운동이 나타나는 대표적인 지역들

Kingdom of Great Britain and Northern Ireland로, 줄여서 U.K.입니다. 이 긴 이름의 의미는 네 왕국이 하나로 연합한 연합국이라는 뜻으로 잉글랜드, 스코틀랜드, 북아일랜드, 웨일스 4개의 나라로 구성되어 있습니다. 이 4개 국가는 사는 지역만 비슷할 뿐, 민족과 문화가 엄연히 다릅니다.

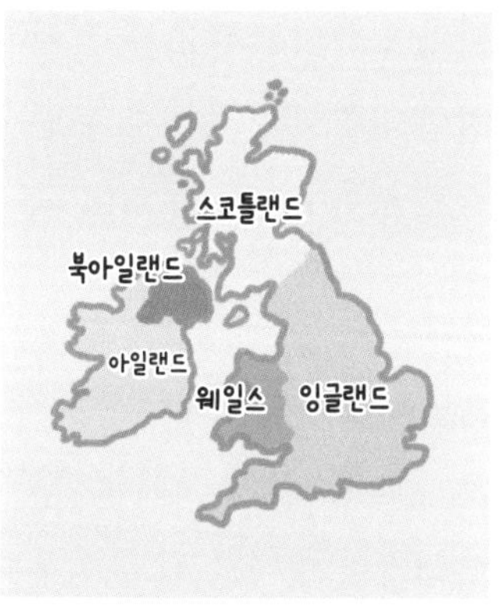

영국 연합을 구성하는 4개국

이 중 가장 영향력이 강한 국가가 잉글랜드입니다. 우리가 사용하는 영어(English)는 잉글랜드의 언어라는 뜻이고, 잉글랜드의 주요 민족인 앵글로색슨족이 이주해 정착한 미국과 캐나다 지역을 앵글로아메리카라고 부르는 등 이름만 봐도 잉글랜드의 영향력을 알 수 있습니다.

영국 본토 왼쪽에 있는 작은 섬나라는 아일랜드입니다. 아일랜드는 영국의 식민지였다가 1919년에 독립했습니다. 이때 아일랜드 북쪽 일부 지역이 그대로 영국에 남았는데, 이곳이 북아일랜드입니다.

아일랜드인들은 가톨릭교를 믿는 반면 영국인들은 개신교를 믿습니다. 영국인들은 북아일랜드 지역에서 가톨릭을 믿는 아일랜드 사람들에게는 투표권을 주지 않거나 고용에서도 불이익을 주었지요. 북아일랜드가 원래 아일랜드 땅이기도 했고, 이처럼 뿌리 깊은 차별 정책 때문에 영국 연합 4개국 중 독립 운동이 가장 활발하고 분쟁이 자주 일어나는 지역입니다.

스코틀랜드 역시 민족이 전혀 다른 곳입니다. 정치 성향도 크게 달라 독립 열기가 매우 뜨거운 지역인데요, 영국이 유럽연합에서 탈퇴하기로 했을 때 투표율을 살펴보면 잉글랜드 지역은 찬성이 더 많았지만 스코틀랜드 지역은 반대가 훨씬 많았습니다. 유럽연합에 가입해 있어야 영국 본토로부터 고립되지 않고 계속해서 무역을 이어나가며 혜택을 받을 수 있기 때문이지요. 하지만 결국 영국은 유럽연합에서 탈퇴했고, 스코틀랜드는 이를 계기로 영국으로부터 독립하자는 요구가 더 커지고 있는 상황입니다.

스페인의 카탈루냐

스페인에서 가장 유명한 두 축구팀은 어디일까요? 축구를 잘 모르더라도 들어본 적이 있을 정도로 널리 알려져 있는데, 바로 레알 마드리드 CF와 FC 바르셀로나입니다. 과거에 호날두와 메시가 소속

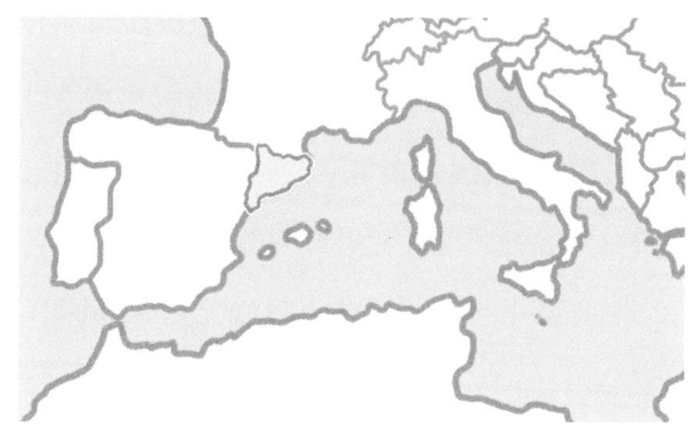

카탈루냐의 위치

한 팀으로도 유명했지요. 왜 이 두 팀이 세계적으로 가장 유명한 라이벌이 되었을까요? 단순히 실력이 비슷해서라기보다는 이 지역의 역사가 큰 비중을 차지합니다.

스페인 지역은 원래 여러 왕국이 흩어져 있던 곳이었습니다. 이 왕국들을 하나로 통일한 나라가 에스파냐 왕국입니다. 그래서 현재 스페인을 에스파냐라고도 부르지요. 스페인 역시 여러 왕국이 하나로 통일된 것이기 때문에 민족, 인종, 문화가 서로 다른 사람들이 한 나라에 살게 되었습니다.

여기서 가장 유명한 지역이 바로 카탈루냐입니다. 카탈루냐 지역에 도시 바르셀로나가 있습니다. 이 지역은 언어도, 민족도 스페인 본토와 다릅니다. 그래서 이곳은 끊임없이 독립을 요구해 왔습니다. 카탈루냐는 스페인 전체 국내총생산의 20% 정도가 창출되는 경제적으로 부유한 지역이기 때

카탈루냐 국기와 FC 바르셀로나의 로고

문에 독립해도 충분히 잘살 수 있다는 의견이 지배적입니다.

참고로 바르셀로나 축구팀의 로고에는 카탈루냐 국기가 있습니다. 즉 카탈루냐 국기를 달고 리그에 참여하고 있는 셈이니 스페인의 수도인 마드리드 지역에서는 이것이 썩 달갑지 않겠지요? 그래서 이 두 지역을 연고지로 하는 팀이 서로 라이벌이 된 것입니다. 현재도 카탈루냐 지역의 독립 열기는 매우 뜨겁습니다.

벨기에의 플랑드르

벨기에는 북쪽으로 네덜란드와 국경을 접하고 있고, 남쪽으로는 프랑스, 독일 등과 국경을 접하고 있습니다. 이 지리적 영향으로 벨기에 북쪽인 플랑드르 지역은 네덜란드어를 주로 사용하는 반면 남쪽의 왈롱 지역은 주로 프랑스어를 사용합니다. 언어가 다르다는 것은 곧 문화와 생활방식이 모두 다르다는 것을 의미합니다.

게다가 북쪽 네덜란드어를 쓰는 지역이 남쪽 프랑스어를 사용하는 지역보다 경제력이 월등히 높습니다. 문화와 생활방식이 모두

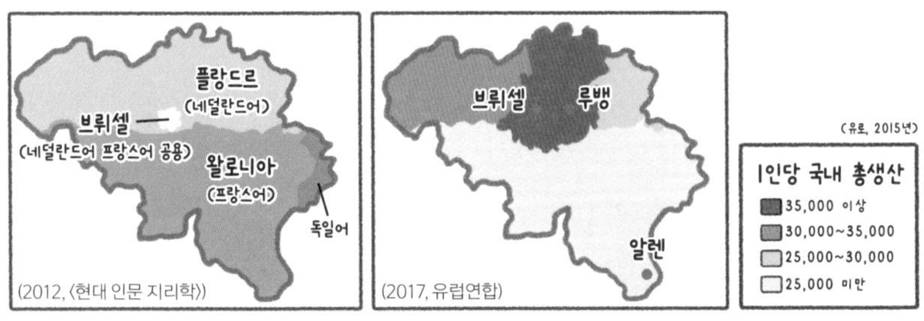

플랑드르와 왈롱

다른데다 경제적 차이까지 나니 자연스레 독립을 요구하게 되었는데, 이곳이 바로 벨기에의 플랑드르 지역입니다.

이탈리아의 파다니아 운동

이탈리아는 구두나 장화 모양처럼 생긴 국경선으로 유명한 나라입니다. 이탈리아의 지형을 살펴보면 북쪽은 평야가 펼쳐져 있고 남쪽으로는 산지가 많습니다.

평야 지역은 산지 지역보다 농업 발달에 유리합니다. 그러다 보니 전통적으로 이탈리아에서는 평야 지역에서 농업을 비롯한 여러 산업이 발달하게 되었고, 현재도 이탈리아 국내 총생산의 대부분을 차지하는 지역이 되었습니다. 베네치아, 밀라노 등 대표적인 대도시가 있는 곳이죠.

북쪽 평야 지역과 남쪽 산지 지역의 경제 격차는 점점 커졌고, 이 때문에 북쪽 지역에서는 이탈리아 본토로부터 독립하려는 움직임이 커지고 있습니다. 이 독립 운동을 '파다니아 운동'이라고 부릅니다.

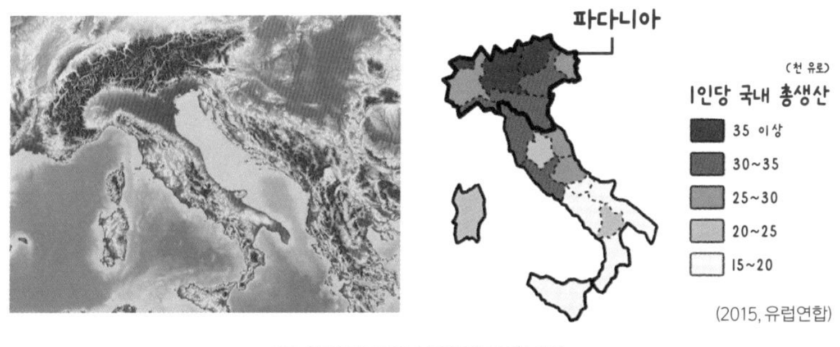

이탈리아의 지형과 파다니아

매년 영토가 넓어지는 나라가 있다?

아이슬란드와 해령

우리나라의 국토는 얼마나클까요? 국토교통부 자료에 따르면 대한민국의 국토 크기는 1,004만 128.5ha로 전 세계에서 108위라고 합니다.(1ha=0.01km^2) 일반적으로는 국토가 좁은 것보다 넓은 것이 좋겠지요. 그러면 국토를 넓힐 방법은 없을까요? 네덜란드나 우리나라처럼 갯벌을 간척하면 영토의 크기를 일부 늘릴 수 있지만, 최근에는 환경 문제로 인해 무작정 갯벌을 간척할 수 없습니다. 그런데 이런 걱정을 하지 않아도 매년 국토의 크기가 조금씩 커지고 있는 나라가 있습니다. 바로 아이슬란드입니다.

아이슬란드는 대서양에 위치한 섬나라입니다. 아이슬란드의 국토는 대한민국과 거의 비슷하지만, 매년 계속해서 커지고 있습니다. 그 이유는 아이슬란드 땅속에서 벌어지는 화산 활동 때문입니다.

우리는 지구가 여러 개의 퍼즐 조각인 판으로 구성되어 있다고 배웠습니다.(21쪽 참고) 지구의 판은 맨틀의 대류 활동으로 인해 계속 움직이고 있는데, 그중 아이슬란드가 위치한 곳은 판의 경계 중에서도 판이 서로 충돌하는 곳이 아니라 판이 새롭게 생성되는 곳, 즉 해령이 위치한 곳입니다.

아이슬란드의 위치

아이슬란드가 위치한 곳은 대서양 중앙 해령이 있는 판의 경계입니다. 아이슬란드는 바닷속에서 폭발한 화산 일부가 섬으로 변한 곳입니다. 해저에서 화산 활동이 계속 일어나고 있고, 이로 인해 판이 이동하면서 점점 영토가 확장되고 있지요. 즉 새로운 지각이 계속해서 만들어지고 있습니다.

국토의 크기가 계속 커진다는 말은 화산이 계속 폭발한다는 뜻

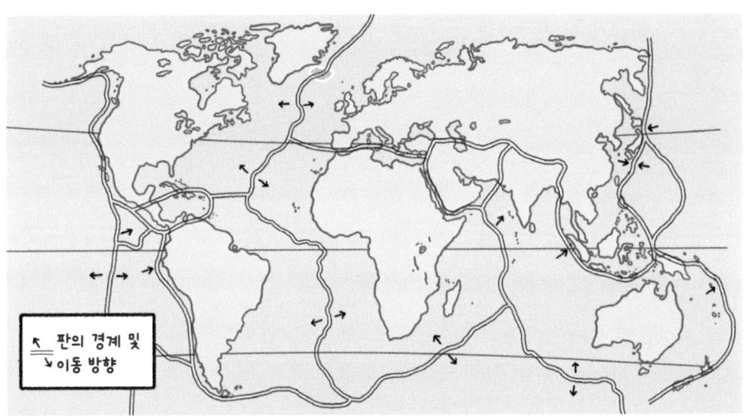

판의 경계에 위치한 아이슬란드

☞ 지열 발전으로 관광지가 된 아이슬란드의 블루라군 온천

이고, 그 영향으로 지진도 많이 일어나겠지요? 실제로 아이슬란드는 화산과 지진의 영향을 많이 받는 나라입니다. 화산 활동과 지진이 많이 일어나다 보니 아이슬란드는 이 힘을 자원으로 바꿔보기로 했습니다. 땅속에서 부글부글 끓고 있는 마그마(열)를 에너지로 이용하기로 한 것이죠. 이것이 바로 지열 발전입니다. 아이슬란드는 국토의 특성을 활용한 지열 발전이 매우 활발하게 이루어지고 있습니다.

지열 발전과 함께, 섬나라이다 보니 수력 발전과 바다에서 불어오는 바람의 풍속을 이용한 풍력 발전 역시 활발하게 이루어지고 있습니다.

유럽이 다른 대륙을 쉽게 침략할 수 있었던 이유

유럽의 농업 방식과 면역력

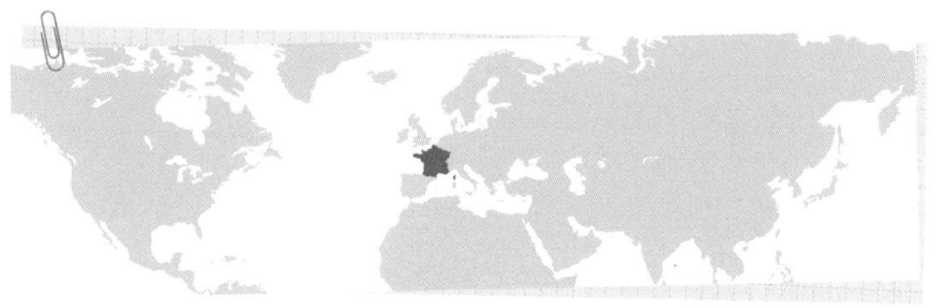

우리나라의 농업 구성을 살펴보면 비닐하우스 같은 시설 재배도 많이 이루어지지만, 쌀이 주식이다 보니 논농사를 주로 짓습니다. 5~6월에 모내기를 하고, 더운 여름 벼의 성숙기가 지나 9~10월이 되면 수확을 하지요. 겨울이 되면 농사를 짓지 않고 땅을 쉬게 해줍니다. 일부 지역에서는 쉬는 기간을 이용해 보리 등을 재배하는 그루갈이•를 하기도 하고요. 그럼 유럽 지역에서는 어떤 방식으로 농업을 해왔을까요?

유럽의 기후는 대체로 우리나라와 비슷한 온대 기후입니다. 하지만 같은 온대 기후라도 그 특징이 약간 다릅니다. 유럽 국가 대부

• 한 해에 두 가지 작물을 번갈아 심어 수확하는 방식을 말합니다. 우리나라에서는 주로 벼농사를 짓고 나서 겨울에 보리를 그루갈이 작물로 재배합니다.

분은 우리나라보다 훨씬 고위도에 위치하고, 바다에서 불어오는 편서풍의 영향을 많이 받다 보니 지중해 연안을 제외한 유럽 지역은 상대적으로 여름이 서늘하고 겨울은 따뜻합니다.

강수 특성도 우리나라와 다릅니다. 우리나라는 여름에 집중적으로 비가 내리지만, 지중해 지역을 제외한 유럽 지역은 비가 거의 매일 내린다고 해도 무방할 정도로 이슬비가 1년 내내 고르게 부슬부슬 내립니다. 유럽에서 중절모와 트렌치 코트가 발달한 이유도 부슬비가 언제든 내릴 수 있는 날씨에 대비하기 위해서입니다.

이런 기후를 서안 해양성 기후라고 합니다. 비가 자주 온다는 말은 햇빛을 볼 수 있는 시간이 많이 줄어든다는 뜻이겠지요. 그래서 유럽에서는 구름과 안개가 많이 끼는 날씨로 인한 우울증 환자도 많다고 합니다.

농사를 지을 때 가장 중요한 것은 햇빛과 물(강수)입니다. 지중해를 제외한 유럽 지역은 1년 내내 비가 내린다고 했으니 물은 충분하지만 햇빛은 절대적으로 부족합니다. 게다가 빙하기에 유럽은 대부분 빙하로 덮여 있어서 비옥한 토양을 만들어내지도 못했습니다.● 농사짓기에는 적합하지 않은 환경이라는 뜻이지요.

우리의 주식인 벼는 엄청나게 많은 물과 햇빛을 요구하는 식물입니다. 유럽의 기후 환경에서는 이런 벼를 재배할 수 없습니다. 대신 기후 적응력이 뛰어나고 적은 양의 비와 적당한 토양만 있어도

● 153쪽 코너에서 조금 더 자세히 다루겠습니다.

잘 자라는 식물을 재배했는데, 그것이 바로 밀입니다. 유럽 사람들의 주식이 빵인 이유가 바로 밀을 주로 재배하기 때문입니다.

하지만 충분한 햇빛이 공급되는 환경이 아니었기 때문에 밀을 재배하면 할수록 땅의 기력(비옥도)이 급격히 줄어들었습니다. 또 다른 문제점도 있었습니다. 밀은 쌀보다 열량(kcal)이 낮은 식물입니다. 즉 밀만으로는 인간에게 필요한 열량을 모두 충족시킬 수 없었던 것이지요.

이런 문제점을 해결하기 위해 유럽 사람들은 농업 방식을 바꿨습니다. 먼저 밀의 부족한 열량을 보충하기 위해 가축의 고기를 섭취했습니다. 그래서 고기가 빵과 함께 유럽 사람들의 주식이 된 것이지요. 그리고 땅의 기력이 빠르게 소진되는 것을 막기 위해 자신의 농장을 나눠 일부 지역에서는 밀을 재배하고 일부 지역은 쉬게 했습니다. 다음 해가 되면 재배지를 바꿔서 재배한 곳을 쉬게 하고, 작년에 쉬었던 땅에서 다시 밀을 재배했지요. 이를 삼포식 농업이라고 합니다.

이처럼 땅을 쉬게 하면서 농사짓는 것을 휴경이라고 합니다. 휴경으로 땅의 기력을 보충할 수는 있었지만, 결국 쉬는 땅에서 농사를 짓지 못한다는 것은 인간 입장에서 큰 손해였습니다. 그럼 휴식을 취하지 않고 땅의 기력을 회복하려면 어떻게 해야 할까요? 바로 비료입니다. 마침 그들은 영양을 보충할 가축을 키우고 있었고, 가축의 분뇨는 좋은 퇴비(비료)가 되었습니다.

그래서 유럽 사람들은 최종적으로 농경지를 3분할하는 농업 방식을 사용합니다. 첫 번째 땅에서는 내가 먹을 식량 작물인 밀을 재

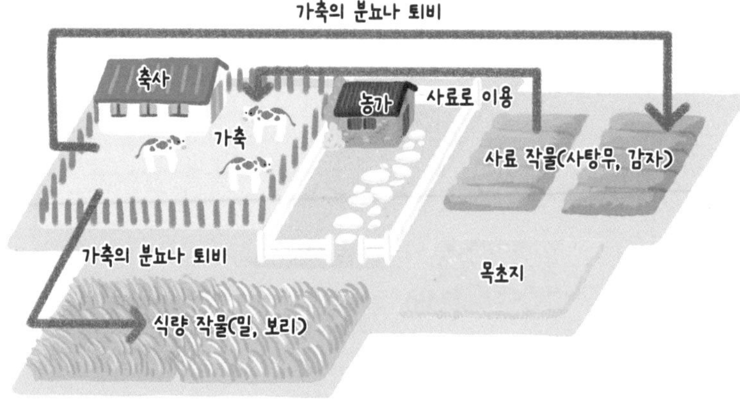

혼합 농업의 구조

배하고, 두 번째에서는 가축을 키우고, 세 번째에서는 가축이 먹을 사료 작물을 재배하는 것이지요. 식량 작물과 가축, 사료 작물을 모두 혼합해서 농사짓는 방식이라 이를 혼합 농업이라고 부릅니다.

우리나라에서 하는 농사와는 조금 다르지요? 유럽 사람들은 자연환경에 적응하고 생존하기 위해 농업 방식을 진화시켜 왔습니다. 그런데 이렇게 가축과 함께 살아가는 환경 속에서 의도치 않게 장점이 생기게 됩니다. 바로 면역력입니다.

과거에는 지금처럼 과학과 의학 기술이 발달하지 못했기 때문에 가축에서 발생하는 병균, 전염병들이 치명적이었습니다. 하지만 유럽 사람들은 자연스럽게 가축과 함께 살아가면서 많은 균에 면역이 된 상태였습니다.

물론 당시 유럽 사람들은 이런 면역이 생긴 줄 모르고 있었습니다. 제국주의 시대가 도래하고 식민지를 쟁탈하기 위해 아프리카, 아메리카, 오세아니아 대륙으로 진출하는 과정에서도 자연스럽게 전염병과 병균들을 몸에 지닌 채 침략을 진행했습니다.

하지만 유럽 밖 다른 대륙에 살던 주민들은 전염병에 매우 취약한 상태였고 면역이 없었습니다. 그래서 유럽 사람들이 식민 지배를 하러 다른 대륙에 침입할 때 이 면역력은 엄청난 무기가 되기도 했습니다. 물론 과학 기술력으로 인한 차이도 있었지만, 유럽인들이 퍼뜨린 전염병을 당시 아메리카나 아프리카 같은 다른 대륙에서는 극복할 수 없었기 때문에 원주민들은 더욱 속수무책으로 무너졌습니다.

유럽의 휴양지는 모두 남부에 있다

지중해성 기후

131쪽 그림은 세계에서 가장 유명한 추리 소설 〈셜록 홈스〉의 주인공인 왓슨 박사와 셜록 홈스를 그린 모습입니다. 긴 코트와 모자가 인상적이네요. 이처럼 영국을 배경으로 한 영화나 소설 등의 작품을 보면 등장인물 대부분이 우산, 코트, 모자를 가지고 다닌다는 것을 알 수 있습니다.

그 이유는 바로 영국의 기후가 서안 해양성 기후이기 때문입니다. 서안 해양성 기후에서는 부슬비가 일 년 내내 내립니다.(126쪽 참고) 그러다 보니 사람들은 자연스럽게 우산을 많이 챙기게 되었고, 우산을 쓰기에 애매한 경우도 많아서 코트나 모자가 발달했지요. 여기서 생긴 대표적인 브랜드 제품이 버버리 코트입니다.

이런 날씨가 늘 지속되다 보니 영국을 비롯한 북부·서부 유럽 사람들은 평소에 해를 많이 볼 수가 없고, 그러다 보니 휴가철이 되면 뜨거운 태양 빛에서 일광욕과 해수욕을 즐길 수 있는 휴양지로 향합니다. 이런 휴양지 중 가장 가까운 곳이 바로 남부 유럽입니다.

시드니 파젯이 그린 왓슨과 셜록 홈스 삽화

남부 유럽 지역은 알프스 산맥 이남의 지중해를 둘러싼 유럽 지역이라고 생각하면 됩니다. 대표적인 나라로는 스페인, 포르투갈, 이탈리아, 그리스가 있습니다. 이 지역의 기후는 지중해성 기후라고 합니다. 일 년 내내 비가 추적추적 내리는 북부 유럽과 서부 유럽과는 달리 이 지역의 기후는 여름과 겨울이 극명하게 다른 양상을 보입니다.

여름에는 아열대 고압대•의 영향을 받아 비가 거의 오지 않고, 강렬한 태양 빛이 내리쬐는 기후가 나타납니다. 그래서 지중해성 기후 지역의 여름은 건기가 됩니다. 겨울에는 편서풍의 영향으로 북부나 서부 유럽과 마찬가지로 비가 내리는 우기가 됩니다. 많은 유럽 사람이 여름에 이 강렬한 햇볕을 쬐러 지중해성 기후 지역으로 휴양을 떠납니다. 대표적인 휴양지로는 프랑스의 니스와 영화제로 유명한 칸, 모나코 등이 있습니다.

• 아열대 고압대 : 위도 20~30° 부근에서 발생하는 강력한 고기압대입니다. 우리가 흔히 아는 아프리카의 사하라 사막, 중동 지역의 사막 등을 만든 기압대입니다.

유럽에서는 혼합 농업이 주를 이룬다고 했던 것 기억나시나요? 혼합 농업이 주로 행해진 지역은 북서부 유럽 지역입니다. 남부 유럽 지역은 북서부 유럽과 달리 건기를 활용해 농사를 지었습니다. 비를 거의 맞지 않고도 뜨거운 태양 빛을 견딜 수 있는 식물이 바로 나무입니다. 나무는 수분을 비축해 놓을 수 있어서 건기를 무사히 지낼 수 있지요. 그래서 남부 유럽은 나무를 이용한 수목 농업이 발달했습니다.

이런 지중해성 기후에서 사는 나무들은 건기를 버틸 수 있도록 잎과 과육 껍질이 두꺼워집니다. 그래서 토마토, 오렌지, 포도, 올리브, 코르크 등의 열매들이 잘 자랍니다. 매년 열리는 스페인의 토마토 축제를 아시나요? 축제를 열 정도로 스페인의 토마토가 유명해진 이유도 바로 지중해성 기후이기 때문입니다.

올림픽 마라톤에서 금메달을 따면 선수에게 월계수 잎으로 만든 왕관을 씌워줍니다. 올림픽은 그리스에서 처음 시작했는데, 그리스는 지중해성 기후를 보이는 대표적인 나라로 이곳에서 잘 자라던 나무가 잎이 굉장히 두꺼운 월계수였기 때문에 월계수 잎으로 관을 만들었던 것이지요. 포도 역시 잘 자라서 남부 유럽에서는 와인 산업도 매우 발달했습니다.

유럽 국가들은 어떻게 무역을 할까?

내륙 수운과 부동항

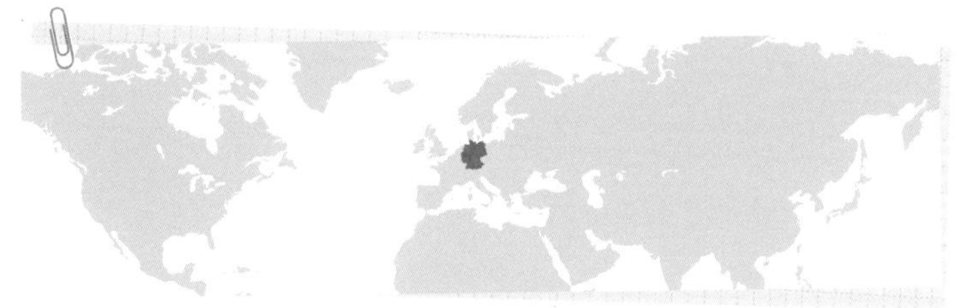

21세기는 자유 무역 시대입니다. 엄청난 양의 물류들이 지금도 전 세계를 옮겨 다니고 있지요. 이때 가장 많이 사용되는 교통수단은 무엇일까요? 놀랍게도 배입니다. 배는 기차나 비행기와 비교하면 속도가 매우 느리지만, 수송량이 비행기나 기차가 운반할 수 있는 양보다 압도적으로 많습니다. 즉 한 번에 많은 양을 운반할 수 있다는 뜻이지요. 물론 비행기를 여러 번 띄우고 기차를 여러 번 보내는 방법도 있지만 운송비가 많이 들기 때문에 제품 가격이 올라갑니다.

배는 과거 산업 혁명 때 증기선이 발명된 이래로 아직까지 활발하게 사용되고 있습니다. 지금도 해상 무역의 중요성은 아무리 강조해도 지나치지 않습니다. 우리나라가 삼면이 바다로 이루어져 있어 해양 진출에 유리하다는 것도 많이 들어봤을 것입니다. 그럼 반대로, 바다가 없는 나라는 무역에서 매우 불리하다는 것을 의미하겠지요?

유럽에는 바다와 인접한 국가들도 있지만, 내륙에 있어서 해운 교통을 이용할 수 없는 국가들이 많습니다. 그렇다면 내륙 국가들은 어떻게 물건을 수출입할까요? 물론 비행기로 옮기거나 멀리 있는 항구에서 차로 옮겨 가져오는 방법도 있겠으나 앞에서 설명한 대로 비용이 매우 커집니다.

그래서 내륙 국가 중 강이 있는 나라들은 강에 화물선을 띄우기로 합니다. 그러면 배를 타고 바다로 나갈 수 있으니까요. 앞에서 북서부 유럽은 일 년 내내 비가 오는 기후라고 했지요. 즉 강이 갑자기 넘치거나 마르지 않고 수위를 일정하게 유지할 수 있는 조건이 갖춰진 것입니다. 그러면 안정적으로 배를 띄우는 것이 가능하지요!•

독일 라인강을 지나고 있는 화물선

• 우리나라는 여름에 강수량이 집중되어 있기 때문에 여름에는 강에 배를 띄우기 쉽지만, 겨울에는 강수량이 적어서 하천 수위가 낮아지므로 배를 띄우기가 불리합니다. 우리나라에 수운 교통이 발달하지 못한 이유이기도 합니다.

유럽 대륙에 영향을 주는 난류와 편서풍

유럽의 주요 국가들은 북위 50~60°에 위치합니다. 북위 30°선에 자리한 우리나라보다 더 고위도 지역에 있으니 훨씬 추울 것 같지만, 현실은 그렇지 않습니다. 세계에서 가장 유명한 축구 리그인 잉글랜드 프리미어리그의 시즌 기간을 살펴보면 보통 8월에 시작해서 다음 해 5월에 끝납니다. 겨울철인 12월~2월에도 축구 경기가 활발하게 열리고 있다는 것이지요. 우리보다 훨씬 고위도에 위치하는데 겨울은 더 따뜻하므로 이런 일정이 가능합니다. 왜 그럴까요? 그 이유는 바로 편서풍과 따뜻한 난류 때문입니다.

우리나라는 편서풍이 대륙을 거쳐 오기 때문에 대륙성 바람이 불어옵니다. 하지만 유럽은 유럽 대륙 옆에 있는 대서양을 거쳐 바다의 영향을 받은 편서풍이 불어오지요. 이 대서양에는 따뜻한 난류가 흐릅니다. 그래서 우리나라보다 훨씬 고위도인데도 겨울이 따뜻한 것입니다. 아무리 추워도 겨울 평균 기온이 0℃ 밑으로 내려가는 일은 별로 없습니다.

0℃는 물의 어는점입니다. 그래서 대서양과 만나는 유럽 지역은 바다가 1년 내내 얼지 않아서 계절에 상관없이 항상 해상 무역을 할 수 있습니다. 이 말은 얼지 않는 항구, 즉 부동항을 갖고 있다는 뜻입니다.

유럽의 산맥 지형

유럽 본토에는 알프스산맥이 동서로 배치되어 있습니다. 따라서 서쪽에서 불어오는 편서풍이 지형의 영향을 크게 받지 않고 내륙 지역까지 비교적 고르게 도달합니다. 하지만 북부 유럽에 있는 스칸디나비아산맥은 남북으로 배치되어 있습니다. 즉 편서풍이 불어오더라도 노르웨이의 대서양 연안까지만 편서풍의 영향을 받고, 그보다 내륙인 스웨덴 쪽은 산맥에 막혀 편서풍의 영향을 받지 못합니다.

그래서 노르웨이와 스웨덴은 인접해 있음에도 기후가 다릅니다. 따뜻한 편서풍의 영향을 받는 노르웨이는 온대 기후가 나타나지만, 스웨덴은 원래 고위도 지역에 나타나는 냉대 기후에 속합니다. 즉 한겨울에 0℃ 미만으로 기온이 크게 내려간다는 것을 의미하고, 이는 곧 바다가 얼어버린다는 뜻이지요.

스웨덴이 위치한 곳에 발트해라는 바다가 있습니다. 이 발트해는 겨울에 얼어버려서 무역항의 역할을 하지 못합니다. 그래서 스웨덴에서는 스칸디나비아산맥을 가로질러 노르웨이 쪽으로 길을 내고, 겨울에는 노르웨이로 물품을 옮겨 수출한다고 합니다.

부동항으로 인한 문제가 가장 심한 나라는 러시아입니다. 러시아는 내륙 지역도 아니고, 국토만 보면 바다를 매우 많이 접하고 있습니다. 그러나 접한 바다가 겨울에 얼어버리는 북극해와 발트해입니다.

그래서 러시아의 오랜 꿈은 부동항을 갖는 것이었습니다. 러시아는 부동항을 찾아 동쪽으로 계속 영토를 확장하며 시베리아를 건너 블라디보스토크까지 진출했습니다. 하지만 러시아의 수도는 모스크바이고, 블라디보스토크와는 대륙을 가로질러 가야 할 정도로 매우 먼 위치에 있어서 효율적이지가 않지요. 따라서 유럽 쪽의 부동항이 여전히 필요합니다. 이에 러시아는 서쪽으로의 진출도 계속해서 노리고 있습니다.

2014년 러시아는 우크라이나 지역의 크림반도 지역을 공격해 강제 합병했습니다. 이 배경에는 많은 정치, 경제, 역사, 사회, 문화적 이유가 있지만, 지리학자들과 지정학자들은 러시아가 부동항을 얻기 위한 공격이었다고 해석하기도 합니다. 부동항이 있어야 세계 무역 전쟁에서 살아남을 수 있기 때문이지요.

공업의 패러다임, 클러스터

유럽의 공업 역사와 신산업지구

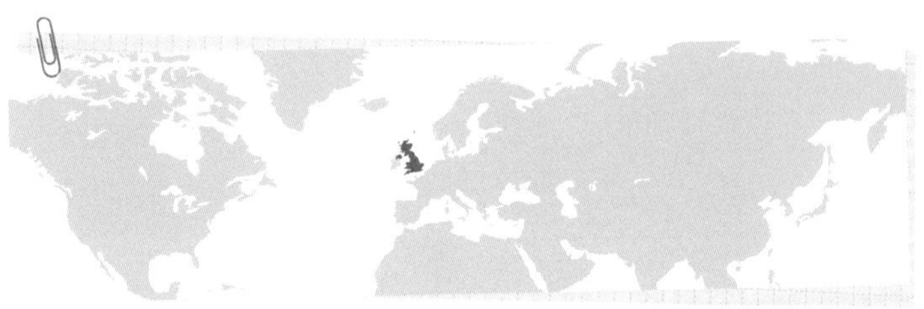

여러분이 어떤 물건을 만드는 공장의 사장이 되었다고 생각해 봅시다. 그러면 여러분에게 가장 중요한 것은 무엇일까요? 아마 많은 사람이 중요하게 생각하는 점은 바로 '어떻게 하면 이윤을 더 많이 남길 수 있을까?'일 것입니다. 그럼 어떻게 하면 이윤을 많이 남길 수 있을까요? 가장 단순한 방법은 제품의 가격을 올리는 것과 제품의 생산비를 줄이는 것입니다. 지금부터 이 생산비를 줄이는 방법 중에서 운송비에 초점을 맞춰보겠습니다.

유럽에 산업혁명이 일어나자 많은 공장이 생겨났습니다. 이때 가장 많이 사용된 원료는 석탄과 철광석입니다. 석탄과 철광석의 가장 큰 특징은 바로 무겁다는 것입니다. 이 무거운 석탄과 철광석을 움직이는 것 자체가 많은 돈이 드는 일이었지요.

이 비용을 줄이려면 어떻게 해야 할까요? 바로 석탄과 철광석이

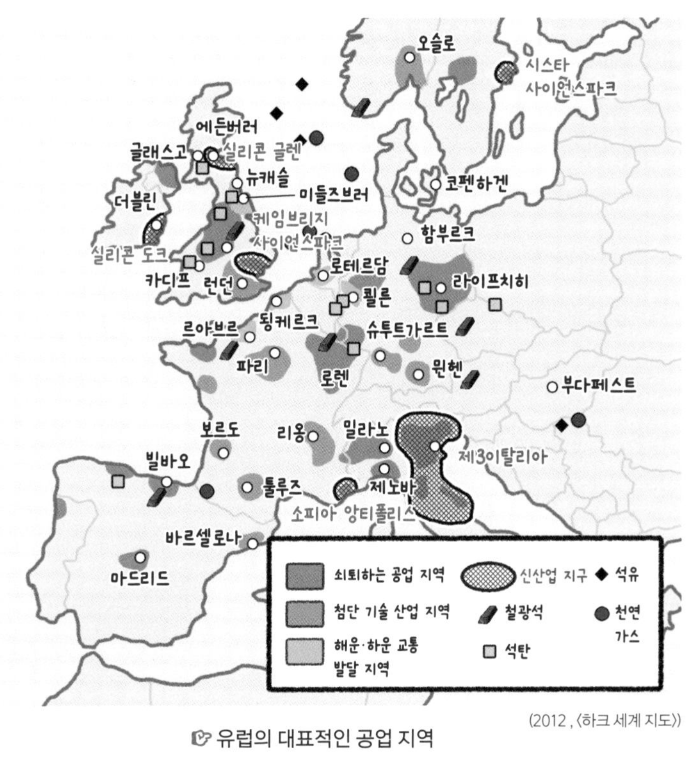

(2012, 〈하크 세계 지도〉)

☞ 유럽의 대표적인 공업 지역

채굴되는 곳에 공장을 지어버리는 것입니다. 그러면 석탄과 철광석을 공장까지 옮기는 비용이 확 줄어들겠지요. 그래서 유럽의 초기 공업 지역들은 석탄과 철광석 생산지를 중심으로 형성되었습니다. 독일의 루르·자르 지역, 프랑스의 로렌 지역, 영국의 요크셔·랭커셔• 지역이 대표적입니다.

● 박지성 선수가 몸담았던 맨체스터 유나이티드라는 팀을 기억하시나요? 요크셔 랭커셔 지방이 바로 이 맨체스터 지역입니다.

공업이 빠르게 성장하면서 유럽은 고도의 발전을 맞이합니다. 그러나 시간이 지나면서 이 공업 지역에 큰 문제점들이 생겨났습니다. 첫 번째는 너무 많은 석탄과 철광석을 사용해 버린 나머지 유럽에서 생산되는 양질의 석탄과 철광석이 고갈된 것입니다. 두 번째는 산업이 석탄 중심에서 석유 중심의 에너지 구조로 변화한 것이지요.

그러면 앞서 살펴본 대로 '이번엔 석유가 있는 곳으로 공장을 옮기면 되겠군!'이라는 생각이 들 수도 있겠네요. 하지만 유럽에는 석유가 많이 나오지 않습니다. 석유를 수입해 와야 하는 상황이 된 것입니다. 석유를 수입하려면 다른 나라에서 석유를 나르는 유조선이 항구에 도착하고, 그 석유를 다시 차에 실어 공장까지 가져오는 과정을 거쳐야 합니다.

이 과정에서 엄청난 운송비가 발생합니다. 석유를 수입하는 것 자체도 큰 비용이 드는데 수입한 석유를 배에서 내리고, 다시 차에 싣고, 이동하고, 석유를 써서 만든 제품을 다시 항구로 가져오고, 다시 수출하려면 여러 비용이 너무 많이 발생하는 것이지요.

여러분이 공장 주인이라면 어떻게 하는 게 좋을까요? 이 과정을 가능한 한 축소하면 되겠지요. 그러려면 공장을 항구 옆으로 지어야 합니다. 이러한 공장 입지를 적환지● 입지 방식이라고 합니다.

이에 따라 유럽의 공업 지대는 내륙의 석탄, 철광석 산지에서 항구 쪽으로 이동했습니다. 대표적인 곳들은 영국의 미들즈브러와 뉴

● 적환지(積換地)란 '쌓는 방법이 바뀌는 곳'을 의미합니다. 항구가 대표적인 예입니다.

캐슬 지역, 프랑스의 됭케르크 지역, 네덜란드의 로테르담 지역이 있습니다.

최근 유럽의 산업은 첨단 산업 중심으로 성장하고 있습니다. 첨단 산업의 큰 특징은 자원이나 원료보다는 고도의 기술력과 자본이 필요하다는 것입니다. 그래서 첨단 산업들은 전문 인력을 확보할 수 있고 많은 자본과 정보를 얻을 수 있는 대도시에 입지합니다. 산업이 대도시에 입지하면서 주변의 대학, 기업, 지자체와 연계해 하나의 거대한 산업지구를 이루게 되지요.

이렇게 탄생한 새로운 산업지구를 신산업지구 또는 산업 클러스터라고 합니다. 대표적인 곳이 영국의 케임브리지 사이언스파크, 스웨덴의 시스타 사이언스파크, 핀란드의 오울루 테크노폴리스, 프랑스의 소피아 앙티폴리스 등이 있습니다. 관련 산업, 학교, 연구소 등이 모두 가까이 인접해 있어서 시너지 효과를 발휘하고 생산성이 극대화됩니다. 이런 시너지 효과로 유럽은 일찍부터 첨단 산업에서 우위를 점했습니다.

새로운 산업의 등장 '명품 이탈리아'

포디즘의 몰락과 명품

앞에서 유럽의 공업 지역이 어떤 과정으로 발달하고 이동해 왔는지를 살펴봤습니다. 공업 지역에 있는 공장들은 규모가 크고, 한 제품을 대량 생산하는 대형 공장입니다. 이런 방식을 포디즘(Fordism)이라고 부릅니다.

혹시 포드(Ford)라는 자동차 회사를 들어본 적 있나요? 포디즘은 포드 자동차 공장에서 유래한 작업 방식이라는 뜻입니다. 공정을 나누고 컨베이어로 부품을 이동하면서 단계별로 완성하는 방식을 도입해 한 제품을 빠른 시간에 대량 제조할 수 있는 소품종 대량 생산에 특화된 시스템이지요. 이를 '컨베이어 시스템'이라 부릅니다.

과거에는 사람이 한 땀 한 땀 만드는 방식이어서 소품종 소량 생산일 수밖에 없었습니다. 포디즘 방식은 생산 효율이 높아 생산 단가를 확 줄일 수 있었고, 그만큼 이윤을 많이 남길 수 있었습니다. 산업화 시기에는 이 방식이 엄청난 인기를 끌었습니다. 소비자들이 제품을 빠르고 저렴하게 구입할 수 있기 때문이지요.

하지만 산업화 시기 이후 포디즘의 단점이 드러났습니다. 똑같은 제품을 대량 생산하다 보니 사람들 개개인의 개성을 담아낼 수 없었습니다. 거리에 나갔는데 너도나도 같은 제품을 들고 다닌다고 생각해 보세요. 오늘날은 개성의 시대라고 할 수 있는데, 길거리의 모든 사람이 똑같은 옷을 입고 똑같은 차를 타고 다닌다는 것은 시대의 요구에 맞지 않았습니다.

그 외에도 대량 생산한 물건이 팔리지 않으면 재고가 엄청나게 생긴다는 단점도 있습니다. 물건이 팔려야 돈을 벌 수 있는데 물건이 팔리지 않고 창고에서 썩고 있다면 기업 입장에서는 엄청난 손해겠지요. 사람들은 점점 더 남들과 다른, 나만의 개성이 반영된 물건을 찾기 시작했습니다.

그래서 기업들은 이 포디즘 방식을 변형해 나갔습니다. 주문 생산 방식을 도입해서 고객 개개인의 요구를 반영한 제품을 만들게 되었지요. 그리고 대량으로 생산하는 것이 아닌 필요한 수량만큼만 생산했습니다. 다품종 소량 생산의 시대가 시작된 것입니다.

이러한 특성을 가장 잘 살린 공업 지역이 있습니다. 이곳은 대규모 공장이 들어선 것도 아니고, 원료 산지 근처에 공장을 세운 것도 아니었습니다. 작은 공장들이 모여 신발, 옷, 가방, 자동차 등을 소규모 인원이 하나씩 정성 들여 만들고 있지요. 어떤 제품인지 눈치채셨나요? 바로 명품입니다. 명품 공장들은 서로 모여 클러스트(clust)를

☞ 제3이탈리아

만들었습니다.

클러스트의 장점이 잘 드러난 대표적인 곳이 이탈리아의 제3이탈리아• 공업 지역입니다. 서로 연관 있는 기업 혹은 공장들이 모여 있으면 그들 사이에서 교류(상호작용)가 많아지고, 그만큼 혁신적인 아이디어가 많이 나올 수 있습니다. 지리적으로 멀리 있는 곳은 이런 상호작용을 하기가 쉽지 않습니다. 아무리 IT 기술이 발달했다고 하더라도 아직은 ZOOM 회의나 원격 수업 방식이 대면 회의와 수업을 완벽하게 대체해 주지 못하듯이요. 이 지리적 시너지를 활용해서 제3이탈리아는 엄청난 공업 지역으로 성장했습니다.

우리가 아는 명품 브랜드 대부분은 대량 생산을 하지 않습니다. 대량 생산을 하면 오히려 희소성이 떨어져서 가치가 낮아지기 때문입니다. 그래서 소위 말하는 '장인'들이 개성 넘치는 제품들을 한 땀 한 땀 정성을 들여 소량 생산합니다. 그리고 이렇게 소량 생산된 명품들은 프리미엄이 붙어 엄청난 가격에 거래됩니다. 앞장에서 살펴본 공업의 발달 과정과는 다른 새로운 방식이지요?

• 이탈리아는 산업 발달 과정에서 산업 지역을 특성에 따라 제1, 제2, 제3과 같이 명명했는데, 명품 산업이 발달한 곳을 제3이탈리아라고 부릅니다.

유럽을 취락펴락하는 러시아

러시아 자원의 힘

2022년 2월 24일, 뉴스에서 충격적인 소식이 들려왔습니다. 바로 러시아와 우크라이나가 전쟁을 하게 됐다는 소식입니다. 전쟁이 벌어지기까지는 정치, 경제, 사회, 문화 등 아주 많은 이유가 있겠지만, 우리는 지리적 측면에서 러시아와 우크라이나 전쟁을 살펴보겠습니다.

왜 전 세계가 전쟁을 일으킨 러시아를 적극적으로 제재하지 못하는 걸까요? 바로 자원의 힘 때문입니다. 러시아는 세계에서 영토가 가장 넓은 나라입니다. 영토가 넓으니 땅에서 나오는 천연자원의 양도 어마어마하게 많지요.

오늘날 꼭 필요한 화석에너지(석유, 석탄, 천연가스)들도 러시아에 굉장히 많이 매장되어 있습니다. 매장량뿐 아니라 자원 수출량도 러시아는 세계적으로 상위권에 속합니다. 그런데 전쟁이 일어나면 러시아에서 나오는 화석에너지를 다른 나라들이 수입하기 어렵습니다. 이렇게 되면 전 세계에 에너지 문제가 발생할 수 있지요. 특히 천연가스는 러시아 생산량이 압도적이기 때문입니다.

특히 유럽 국가들이 러시아에서 천연가스를 많이 수입합니다. 유럽과 러시아는 지리적으로 인접해 있어 해상·육상 교통을 이용해서 수출하지 않고 파이프라인을 설치해 직접 운송하는 방식으로 수출하고 있습니다.

러시아는 이번 전쟁을 하면서 자원을 무기처럼 사용하고 있습니다. 전쟁에 적극적으로 개입한다면 파이프라인을 잠그겠다고 발표하기도 했지요. 유럽에서는 러시아에 대한 자원 의존도가 높다 보니 적극적으로 러시아를 제재하지 못했습니다.

러시아 우크라이나 전쟁으로 엄청나게 가격이 급상승하고 있는 자원이 또 하나 있습니다. 바로 밀입니다. 러시아 남부 지역과 우크라이나 지역은 건조 기후인데, 건조 기후 중에서도 짧은 풀이 주로

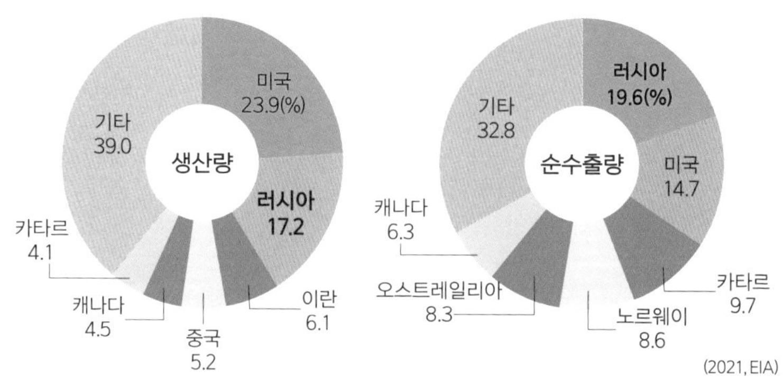

국가별 천연가스 생산량 및 순수출량 비율

자라는 스텝 기후가 나타나지요. 보통 스텝 기후의 영향을 받는 지역은 토양이 매우 비옥합니다. 러시아와 우크라이나의 비옥한 토양에서 생산되는 밀은 생산량과 수출량 모두 어마어마합니다. 하지만 전쟁으로 인해서 밀 수출이 막히게 되었고, 전 세계의 밀 가격이 폭등했지요.

러시아가 가진 자원의 힘은 상상 그 이상입니다. 세계의 주요 자원들을 고르게 많이 보유하고 있고, 그 자원을 무기처럼 사용하고 있기 때문에 자원의 힘으로 전쟁을 한다고 해도 과언이 아닙니다. 이 자원 없이 살아갈 수 없는 다른 나라들은 러시아와 우크라이나 전쟁에 적극적으로 나서서 개입하기가 매우 어려운 것이 현실입니다.

우리나라에 만약 석유, 천연가스와 같은 화석에너지가 많이 매장되어 있었다면 국제 정세 역시 크게 달라졌겠지요? 이처럼 자원의 지리적 편재성•은 엄청난 국력을 가져다준다고 볼 수 있습니다.

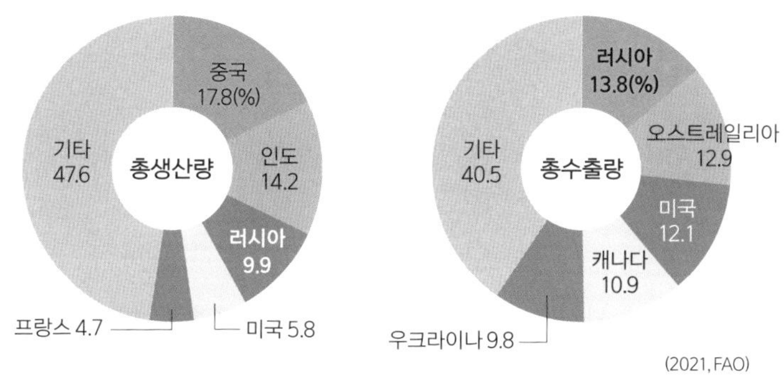

밀의 국가별 생산량 및 수출량 비율

• 자원의 편재성이라고도 하며, 자원이 지리적으로 골고루 분포된 것이 아닌 특정 지역에 집중되어 있는 것을 의미합니다.

우크라이나가 비옥한 이유

체르노젬

러시아와 우크라이나 지역의 밀 생산량과 수출량이 많은 이유를 더 자세히 살펴보겠습니다. 여러분이 농사를 짓는다면, 어떤 곳에서 농사를 지어야 생산물이 많이 나올까요? 당연히 척박한 토양보다는 기왕이면 비옥한 토양에서 농사짓는 것이 작물을 많이 수확할 수 있겠지요. 우크라이나와 러시아가 그러한 조건을 가지고 있습니다.

혹시 비료가 무슨 색을 띠는지 알고 있나요? 우리나라에서 가장 흔한 흙색은 갈색 계열입니다. 그런데 비료의 색은 이보다 훨씬 짙은 갈색 또는 검은색을 띠고 있지요. 우크라이나와 러시아는 토양 자체가 이러한 검은색을 띱니다. 그래서 이 토양을 흑토라고 하고 해당 지역의 이름을 따 체르노젬•이라고도 합니다. 왜 이곳은 검은색

• 인접 지역이 원전 사고가 있었던 체르노빌입니다.

밀과 하늘을 상징하는 우크라이나 국기

흙이 나타나게 되었을까요? 그 이유는 앞서 살펴보았던 스텝 기후의 영향 때문입니다.

스텝 기후란 건조 기후에 해당하는 기후 중 하나로 연평균 강수량이 250~500mm 정도인 지역을 의미합니다. 연평균 강수량이 500mm• 미만이기 때문에 나무는 이곳에서 잘 자라기 어렵습니다. 하지만 짧은 풀들이 자라기에는 적절한 강수량이지요.

짧은 풀들이 다 자라 생육 기간이 지나면 자연스럽게 땅에 쌓이게 됩니다. 강수량이 많지 않으므로 땅에 쌓인 짧은 풀들은 썩은 채로 땅속으로 흡수되는데, 이 과정이 오랫동안 지속되면 짧은 풀들이 거름 역할을 해서 흙색도 검은색으로 변화합니다.

이렇게 형성된 토양은 우스갯소리로 '씨만 뿌리면 자란다'라는 농담이 있을 정도로 비옥해집니다. 그래서 러시아와 우크라이나에서는 강수량이 많지 않아 벼농사를 짓긴 어렵지만, 밀 농사를 짓기에는

• 연평균 강수량이 500mm가 넘으면 나무가 자랄 수 있어서 수목 기후라고 부르고, 500mm 미만이면 나무가 자랄 수 없어 무수목 기후라고 부릅니다. 대표적인 무수목 기후가 건조 기후와 한대 기후입니다.

적합한 환경인 덕분에 엄청난 양의 밀을 생산하고 수출할 수 있었습니다.

우크라이나에서는 비옥한 토지에서 광활하게 자라는 밀들과 푸른 하늘이 어우러진 풍경을 흔히 볼 수 있는데, 우크라이나 국기가 이 풍경을 형상화해서 만들어졌다는 설도 있습니다.

이 많은 나라가 원래 하나였다고?

유럽의 화약고 발칸반도

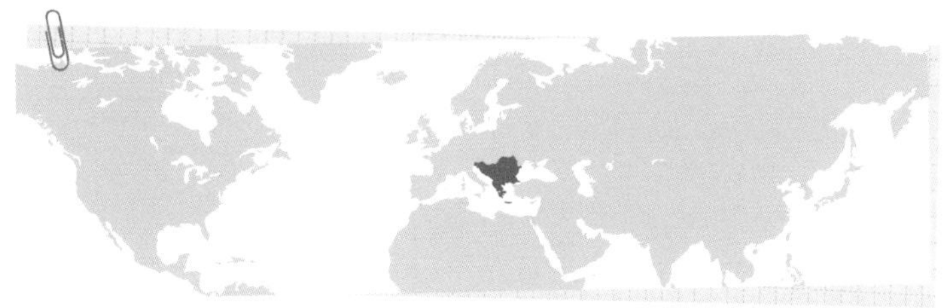

이탈리아반도와 터키 사이에 위치한 반도를 발칸반도라고 합니다. 발칸반도에 있는 나라들을 살펴보면 많은 나라가 오밀조밀 모여 있는 것을 볼 수 있습니다. 지금은 모두 쪼개져 각자 국가를 이루고 있지만, 예전에 이들은 유고슬라비아라는 한 나라로 묶여 있었습니다.

유럽의 민족 분포를 살펴보면 서부 유럽은 주로 게르만족, 북부 유럽은 노르만족, 남부 유럽은 라틴족, 동부 유럽은 슬라브족이 자리 잡고 있었습니다. 동부 유럽권에 속하는 발칸반도에는 슬라브족이 주로 살고 있었지요.

그러나 같은 슬라브족 안에서도 많은 민족이 갈라져 나와 있었고, 유고슬라비아 지역에도 굉장히 다양한 민족이 살았습니다. 민족이 다르다는 것은 곧 언어, 문화적 배경, 생활 습관 등이 모두 다르다는 것과 같습니다. 다른 민족과 한 나라에서 함께 살아가기란 결코 쉽지 않았고, 민족 간 갈등이 계속해서 심해졌습니다.

유고슬라비아는 소련의 영향을 받아 사회주의 체제를 유지했습니다. 하지만 소련이 붕괴되고 사회주의 체제를 유지하기가 어려워지자 민족 갈등이 폭발하면서 유고슬라비아 여러 지역에서는 원래의 국가로 돌아가려는 독립 운동이 벌어졌습니다.

이 과정에서 슬로베니아, 크로아티아, 보스니아헤르체고비나, 세르비아, 몬테네그로, 마케도니아가 갈라져 나왔지요. 이 독립 운동으로 발생한 내전을 유고슬라비아 내전이라고 부릅니다.

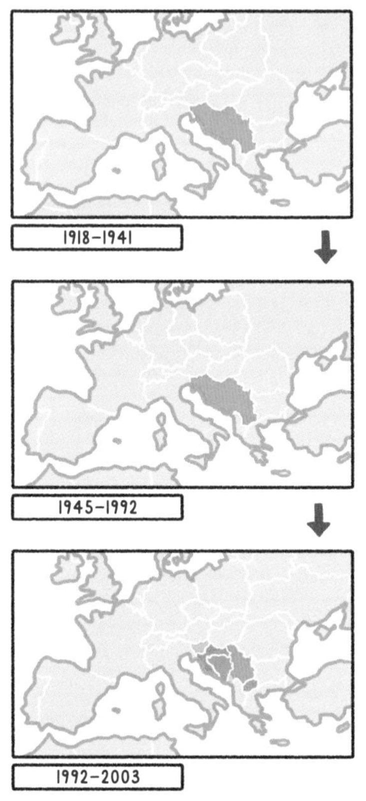

☞ 유고슬라비아의 변천 과정

발칸반도 지역은 20세기에도 치열한 내전이 많았고, 위치 특성상 과거에도 전쟁이 매우 빈번했던 지역입니다. 제1차 세계대전이 시작된 사라예보 사건이 발생한 곳도 이 발칸반도이지요. 발칸반도 지역에 오랫동안 전쟁이 끊임없이 일어나다 보니 언제 또 지역 갈등으로 인한 내전이 일어날지 모른다는 뜻에서 '유럽의 화약고'라는 별명이 붙기도 했습니다.

빙하가 만든 유럽의 특징들

빙하기(Ice Age)라는 말을 들어본 적 있나요? 지구의 평균 기온은 주기적으로 상승과 하강을 반복하는데, 평균 기온이 낮아지며 북극과 남극, 고산 지대의 얼음층이 확장하는 때를 빙하기라고 부릅니다. 가장 최근의 빙하기는 마지막 빙하기라고 해서 최종빙기라고 부르고, 현재는 최종빙기 이후 시기인 후빙기입니다.

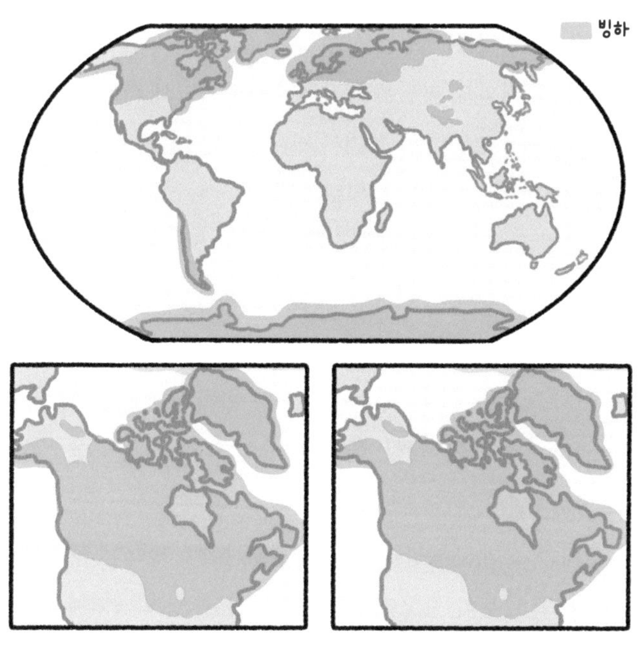

최종빙기 빙하의 분포

최종빙기 때는 지구 곳곳이 빙하로 덮여 있었지요. 이때 빙하의 영향을 많이 받았던 곳이 유럽입니다. 빙하의 영향으로 유럽에서는 다른 지역에서 볼 수 없는 독특한 특징들이 많이 생겼습니다. 함께 살펴볼까요?

당연한 말이지만 빙하는 추운 곳에서 발달합니다. 즉 고위도에서 저위도 지역으로, 고산 지대에서 저지대 지역으로 빙하가 확장되지요. 빙하는 확장할 때 주변 땅을 침식하면서 이동합니다. 빗자루로 빗질을 하는 것과 비슷한데, 빗자루가 바닥을 쓸면서 지나가면 먼지, 머리카락, 각종 쓰레기 등을 차곡차곡 분류하면서 지나가는 것이 아니라 마구잡이로 한 번에 쓸고 지나갑니다. 빙하 역시 모래는 모래끼리, 자갈은 자갈끼리 분류하면서 확장한 것이 아니라 말 그대로 모든 것을 쓸면서 지나간 셈입니다.

빙하는 유럽 대평원 지역까지 확장되다가 후빙기가 되면서 녹아버렸습니다. 그러자 이 지역은 표층이 빙하에 완전히 쓸려나간 평원이 되었습니다. 따라서 토양이 비옥하지는 못했습니다. 앞 내용 중 혼합 농업을 잠깐 되짚어보면, 땅의 비옥도가 높지 않기 때문에 가축, 사료 작물, 식량 작물을 한 번에 농사하는 혼합 농업이 생겼다고 설명했습니다. 이렇게 땅이 비옥하지 않았던 이유가 바로 빙하 때문입니다.

빙하가 최대로 확장했을 때의 경계선에는 빙하가 쓸어온 모래, 자갈, 점토 등이 잔뜩 쌓여 있었습니다. 후빙기가 되면서 빙하가 녹자 이곳에 쌓인 퇴적물들이 바람에 날아갔습니다. 이 바람에

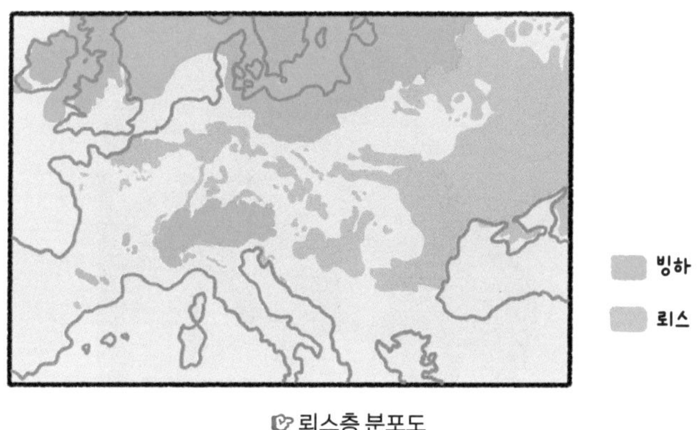

뢰스층 분포도

날린 미세한 모래나 점토 등의 퇴적물을 뢰스(loess)라고 부릅니다.

앞에서 유럽은 편서풍이 분다고 설명했었지요? 이 뢰스는 편서풍을 따라 동쪽으로 날아가 현재의 우크라이나, 러시아 지역에 다시 쌓였습니다. 러시아와 우크라이나 지역에는 흑토(체르노젬)와 함께 양질의 뢰스가 날아왔고, 이 덕분에 농사가 더 잘되는 지역이 된 것입니다.

핀란드에는 만 개가 넘는 호수가 있다고 합니다. 어느 날 핀란드에서 온 교환 학생에게 "핀란드에는 정말 호수가 만 개가 넘게 있니?"라고 물어본 적이 있는데, 그 학생은 "Countless.(셀 수 없이 많아요.)"라고 대답했습니다.

그 말대로 핀란드에서는 어디든 주위를 둘러보면 호수가 있습니다. 이 호수들 역시 빙하가 만들어낸 지형입니다. 빙하가 확장·후퇴하는 과정에서 생긴 움푹 파인 땅에 빙하가 녹은 물이 고

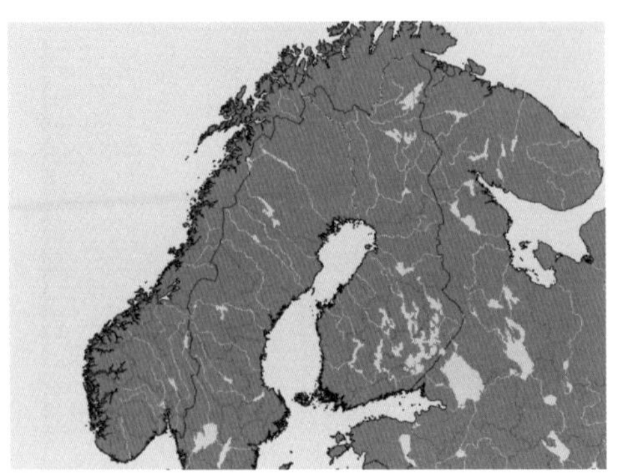

북부 유럽의 호수들

이면서 호수가 생겨난 것이지요. 그래서 과거 빙하로 덮여 있던 북부 유럽 지역에는 이렇게 형성된 빙하호가 엄청나게 많습니다.

해발고도가 높은 산 역시 빙하로 덮여 있습니다. 최종빙기에 고산 지대에 있던 빙하 역시 산 아래를 향해 확장했습니다. 이렇게 확장한 빙하는 주변 지형을 바꿔놓았습니다. 주변 지역을 깎아 내려서 침식 지형을 만들기도 하고, 빙하가 주변의 여러 물질들을 함께 가지고 내려와 퇴적 지형을 만들기도 합니다. 그래서 유럽에 가면 빙하가 만들어낸 멋진 지형들을 많이 관찰할 수 있습니다.

이렇게 빙하로 주변이 깎여 만들어진 대표적인 지형이 호른(horn)입니다. 산 정상부에 있던 빙하가 중력의 영향을 받아 아래로 이동하면서 주변 지역을 침식한 결과 뿔 모양으로 뾰족하게 만들어진 산을 호른이라고 합니다.

원래 강이 흐르던 곳을 빙하가 이동하면서 침식하면 거대한

피오르
스위스의 마터호른산

U자 모양의 계곡이 만들어집니다. 이를 U자곡 혹은 빙식곡이라고 부릅니다. 이 U자곡에는 가파른 절벽이 형성되어 있어 관광 명소로 뽑히는데요, U자곡에 바닷물이 차면 멋진 절경을 뽐내는 피오르가 됩니다.

3장

북부 아메리카

미국이 선진국이 될 수밖에 없었던 이유

미국의 지정학적 위치와 지형

21세기 지구에서 가장 강력한 힘을 가진 국가는 어디냐고 물어보면 대부분 미국을 꼽을 것입니다. 미국에서 나온 말 한마디로 세계 경제가 휘청거리고, 전쟁이 발발하거나 종식되기도 하지요. 유럽에서 이주한 사람들이 세운 나라이기 때문에 국가의 역사가 짧은데도 어떻게 단기간에 최고의 강대국이 될 수 있었을까요? 미국의 지형을 보면 그 답을 알 수 있습니다.

미국 서쪽으로는 신기조산대인 로키산맥이 남북으로 길게 뻗어 있습니다. 동쪽에는 고기조산대인 애팔래치아산맥이 동부 해안선과 평행하게 뻗어 있지요. 그리고 중앙에는 산맥 하나 없는 엄청난 평지가 펼쳐집니다. 로키산맥과 애팔래치아에서 발원한 강들이 이 드넓은 평야를 흐릅니다.

지도를 보면 미국 전역에 강이 흐르고 있는 것을 알 수 있습니

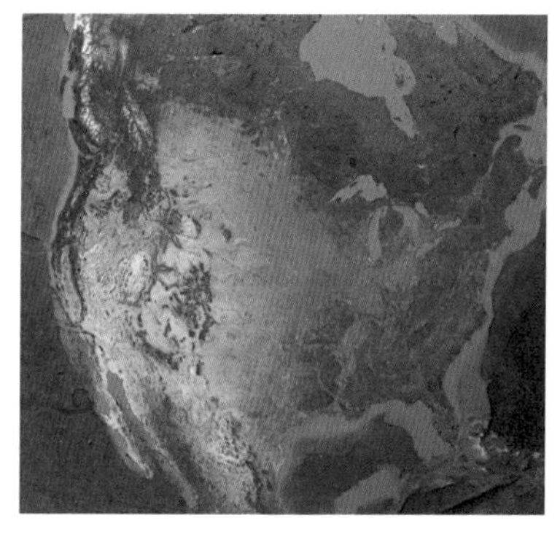

미국 지형도

미국의 강 지도

다. 사실은 이 강의 흐름 때문에 미국이 빠르게 선진국이 되었다고 해도 과언이 아닙니다.

강이 많이 흐른다고 어떻게 선진국이 될 수 있을까요? 앞에서 유럽 국가들이 내륙을 흐르는 강에 화물선을 띄워서 수운을 활용했다고 설명했습니다. 물류를 옮길 때 가장 효과적인 수단이 바로 수운, 즉 뱃길이지요.

처음 나라를 세우자마자 도로와 철도를 놓으려면 막대한 비용과 시간이 소요됩니다. 하지만 미국은 처음부터 강이라는 자연 수송로가 촘촘하게 만들어져 있었습니다.

미국은 이 하천을 활용해서 미국 전역으로 빠르게 많은 양의 물류를 수송할 수 있었고, 수운 교통의 발달은 산업을 육성하면서 비용을 절감하고 국가의 발전 속도를 높이는 데 엄청난 강점으로 작용했습니다.

미국의 영토가 워낙 광활하기 때문에 매장된 자원의 양도 엄청납니다. 신기조산대가 지나가는 곳에는 석유나 천연가스가 많이 매장되어 있고, 고기조산대가 있는 곳에는 석탄 매장량이 엄청나며 광활하고 안정된 평야 지역에서는 철광석 등의 광물 자원이 매우 많습니다.

아무리 환경이 좋다고 하더라도 다른 나라의 침략을 받거나 전쟁이 일어나면 발전이 늦어질 것입니다. 하지만 미국이 위치한 곳은 전쟁의 위험도 낮았습니다. 북쪽으로 국경을 접한 캐나다는 사용하는 언어가 같고, 민족과 인종이 비슷해서 우호적인 관계를 유지하고 있었습니다. 남쪽의 멕시코 지역과는 넓은 사막과 산지, 더 남쪽으로는 엄청난 정글로 막혀 있습니다.

멕시코에서 미국으로 전쟁을 하러 가려면 정글을 지나고, 산맥을 넘고, 사막을 횡단해야 하는데 당연히 쉽게 전쟁을 일으킬 수 없었겠지요? 아니면 다른 대륙, 즉 유럽이나 아시아 국가들이 미국과 전쟁을 벌인다고 해도 엄청난 크기의 대서양과 태평양을 건너와야 합니다. 다시 말해 미국은 위치만으로 천혜의 요새인 셈입니다. 실제로 미국이 건국된 이후 영토가 공격받은 사례는 진주만 공습과 911 테러를 제외하고는 전무합니다.

이러한 지리학적 배경으로 미국이 급속 성장을 하고 있을 무렵, 당시 가장 잘나가던 지역인 유럽에서 제1차, 제2차 세계대전이 발발했습니다. 이때 미국은 유럽에 막대한 양의 무기와 식량을 보급하면서 엄청난 경제적 이익을 얻었고, 반대로 두 세계대전의 주요 전장이었던 유럽 국가들은 국력이 약화되었지요.

이를 계기로 미국은 세계 최고의 강대국으로 발돋움했습니다. 이미 지리적 강점만으로도 선진국이 될 운명을 타고난 미국인데, 시대적 상황도 미국이 강대국이 될 수밖에 없게 도와준 셈입니다.

더, 더 따뜻한 곳으로!

미국 공업의 역사

미국의 경제 전문지 포브스에서는 매년 '글로벌 2000'이라고 불리는 세계 기업 순위를 발표합니다. 2024년 기준으로 이 순위에는 미국 기업이 621곳이나 들어가 있습니다. 특히 상위 100위 안에는 무려 36개의 미국 기업이 포함되어 있지요. 우리가 잘 아는 애플, 구글, 마이크로소프트 등의 IT 기업부터 포드, GM 등 자동차 기업들, 그리고 다음 장에서 살펴볼 대규모 농업 기업들까지 모든 산업 분야에서 상위권에 자리 잡고 있습니다. 미국의 산업은 어떤 과정을 거쳐 발달해 왔을까요?

미국으로 처음 이주해 온 사람들은 바로 잉글랜드인입니다. 이들이 출발해서 미국 대륙에 도착해 처음 만난 지역이 지금의 뉴욕과 보스턴입니다. 그래서 잉글랜드인들은 이곳을 새로운 잉글랜드라는 뜻으로 뉴잉글랜드라는 이름을 붙였습니다.

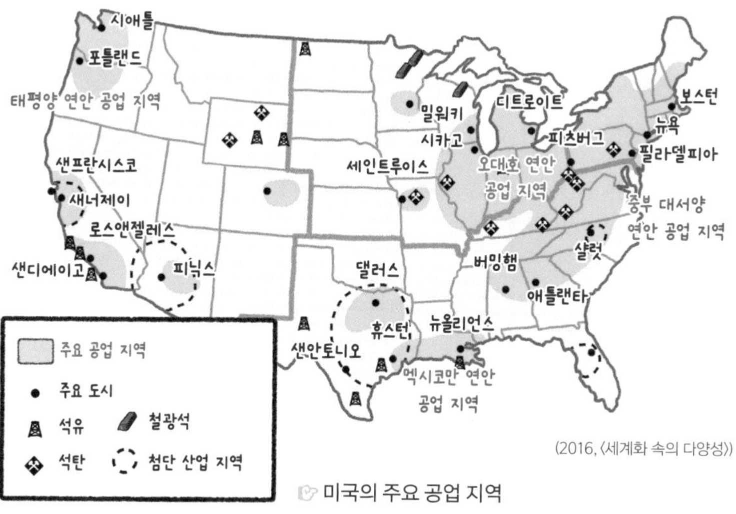

(2016, 〈세계화 속의 다양성〉)

미국의 주요 공업 지역

이주해 온 이들이 새롭게 정착하려면 산업을 발달시켜야 하겠지요? 하지만 초기에는 자본이나 기술이 부족하기 때문에 자동차나 철강, 조선 공장 등을 건설해서 제조업을 바로 육성할 수는 없었습니다. 그래서 곧바로 활용할 수 있는 사람의 힘, 즉 노동력이 필요한 산업을 발달시킵니다. 노동력을 활용해 가장 먼저 할 수 있는 대표적인 산업은 섬유 산업입니다. 그래서 뉴잉글랜드 지역에는 섬유 관련 산업들이 발달했습니다. 우리나라도 한국전쟁 이후 1960년대에 노동력을 활용해 섬유 등의 경공업으로 발전의 기반을 마련했지요.

섬유 산업을 비롯해 노동력 위주의 여러 산업이 발전한 다음 국가가 한 단계 더 성장하려면 중화학 공업을 발전시켜야 합니다. 미국 동부 지역에는 고기조산대인 애팔래치아산맥이 있어 석탄 탄전이 매우 많았고, 오대호라는 거대한 빙하호가 있었는데 이 주변에는 엄청난 양의 철광석이 매장되어 있었습니다. 철광석, 석탄, 물(수운)이 한데 있으니 공업을 발달시키기에 아주 적합했지요.

그래서 이후 미국 공업의 패러다임은 뉴잉글랜드 지역을 벗어나 오대호 연안 지역으로 이동했고, 제철과 자동차 공업 등의 제조업이 급성장했습니다. 미국 디트로이트 도시를 연고로 한 농구팀 이름인 디트로이트 피스톤스(Detroit Pistons)에서도 그 흔적을 찾아볼 수 있는데, 자동차 엔진에 사용되는 주요 장치인 피스톤(piston)을 따서 붙인 이름입니다.

오대호 연안 공업 지역은 냉대 기후이기 때문에 추운 공업 지역이라는 뜻으로 스노 벨트(Snow belt)라고도 불렸습니다. 미국은 오대호를 중심으로 공업이 크게 발달했지만, 이내 유럽과 비슷한 문제가 발생합니다. 바로 양질의 철광석과 석탄이 고갈되기 시작한 것입니다. 설상가상으로 여러 아시아 국가의 제조업이 눈에 띄게 성장하고 있었지요.●

이후 미국도 점차 산업 구조가 고도화되어 제조업을 벗어나 3차 산업 위주의 구조가 정착되었습니다. 그런데 3차 산업은 서비스업이기 때문에 굳이 오대호 연안 지역처럼 추운 냉대 기후에 입지할 이유가 없었습니다. 그래서 스노 벨트에 있던 여러 기업이 따뜻한 남쪽 지역으로 이동했습니다.

● 1970년대 발생한 석유 파동으로 미국 제조업 상품의 인기는 줄어들었고, 값싸고 질 좋은 일본산 제조업 제품들이 큰 인기를 끌었습니다.

산업의 주요 에너지 자원도 석탄에서 석유로 바뀌었기 때문에 중화학 기업들 역시 석탄보다는 석유가 많은 지역으로 이전했지요. 이들이 옮겨 간 미국 서부~남부 지역은 연중 따뜻한 온대 기후가 나타납니다. 그래서 이 지역을 선벨트(Sun belt)라고 부릅니다.

선벨트 지역의 유명한 도시들은 샌프란시스코와 LA 등이 있습니다. 샌프란시스코에는 유명한 IT 기업들이 하나둘씩 모여 시너지를 발휘하기 시작했습니다. 이곳이 그 유명한 실리콘 밸리입니다. 세계 최대의 첨단 산업 지대라고 할 수 있지요. 할리우드가 있는 LA는 전 세계 영화 산업이 집중된 곳입니다. 또한 샌프란시스코와 마찬가지로 첨단 산업 역시 엄청나게 발달한 곳입니다.

미국 남부의 텍사스주는 엄청난 양의 석유가 매장된 지역입니다. 이 지역의 석유를 바탕으로 석유화학 산업이 크게 발달한 도시가 휴스턴입니다. 휴스턴에는 NASA(미국항공우주국)의 우주발사센터가 있어 항공 우주 산업 역시 발달했지요.

한때 스노 벨트로 불리며 미국의 산업을 이끈 오대호 연안은 과거에 활발했던 공장 지대만 남았습니다. 이곳은 철이 시간이 지나면 녹스는 것처럼 제조업이 쇠퇴한 모습을 빗대 러스트 벨트(Rust belt)라고 불리게 되었습니다.

최근 미국의 제조업 관련 공장들이 자원과 인건비 문제 등으로 아시아 지역이나 중·남부 아메리카 지역으로 많이 진출했지만, 다시 미국 본토로 공장이 회귀하고 있습니다. 이 흐름에 따라 최근에는 오대호 연안, 즉 러스트 벨트 지역이 다시 주목받고 있습니다.

선진국이라 농사를 안 지을 것 같다고요?

미국의 거대한 1차 산업

이번에는 미국의 농업에 대해서 살펴보려고 합니다. 보통 미국 하면 막연히 경제력이 세계 최고인 나라, 대기업이 엄청 많은 나라라고 생각합니다. 그래서 미국과 농업이 별 관련 없다고 여기는 사람도 있지만, 미국은 1차 산업에서도 세계적인 영향력을 발휘하고 있습니다. 미국산 소고기, 캘리포니아 오렌지 등 미국은 여러 농축산물에서 세계 최고 수준의 생산량을 보여줍니다.

앞서 살펴본 것처럼 미국 서쪽에는 신기조산대인 로키산맥이, 동쪽에는 고기조산대인 애팔래치아산맥이 있고 중앙 평원에는 대초원이 펼쳐져 있습니다. 이 중앙 평원의 드넓은 대초원은 온화한 기후와 만나 엄청난 농산물 생산량을 자랑합니다. 그래서 미국은 농작물을 대규모로, 상업적으로 재배할 수 있습니다. 통계에서도 세계 주요 곡물 생산량을 보면 미국이 대부분 최상위권에 있습니다.

주로 밀이나 옥수수 등의 작물들을 상업적으로 재배하는데, 농장의 규모가 워낙 넓어서 파종을 하거나 농약을 칠 때 헬기를 띄워 작업한다고 합니다. 우스갯소리로 미국 옥수수 농장에 갇히면 혼자서 빠져나올 수 없다는 말이 나올 정도니까요.

세계적인 농산물 대기업들도 대부분 미국 기업입니다. 대표적인 네 기업을 묶어 ABCD라고 부르는데 아처대니얼스미들랜드(ADM), 번지(Bunge), 카길(Cargill), 루이드레퓌스컴퍼니(LDC)로 이들은 전 세계 곡물 교역량의 75%를 차지하고 있습니다.

이중 D에 해당하는 루이드레퓌스 그룹만 유럽 기업이고 ABC는 모두 미국에 본사를 둔 기업입니다. 사실 농산물이라고 하면 식탁 위에 올라오는 쌀밥이나 밀가루 음식을 먼저 떠올립니다. 하지만 이 음식들이 식탁 위에 오르는 과정에서 필요한 사료, 비료 등도 모두 농산물이기 때문에 이를 장악한 4대 기업의 힘은 생각하는 것보다 훨씬 더 막강하다고 볼 수 있지요. 따라서 미국은 농업에서도 전 세계에서 영향력 1위인 국가라고 볼 수 있습니다.

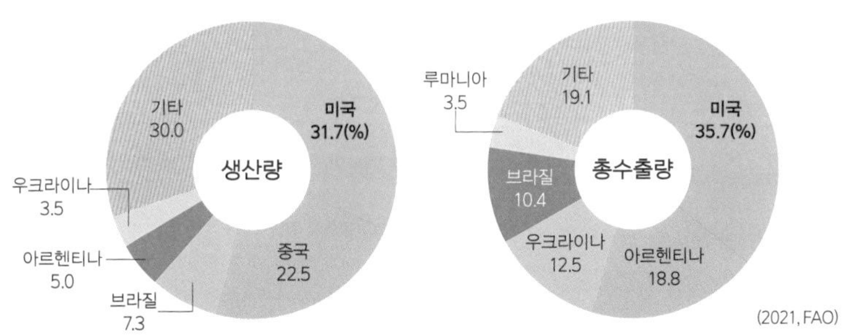

옥수수의 국가별 생산량 및 총수출량 비율

사막에 세계 최대의 휴양지를 건설하다

라스베이거스와 미국의 건조 기후

미국은 주로 온대 기후가 나타나는 북반구 중위도에 위치한 나라입니다. 그런데 미국 남서부의 일부 지역은 건조 기후에 속합니다. 이곳에는 우리가 흔히 알고 있는 사막이 나타나지요. 잘 알다시피 사막은 인간이 거주하기에 불리한 기후 조건입니다. 하지만 미국은 사막까지도 인간이 살 수 있는 땅으로 개발하고 싶어 했습니다.

사막에서 생활하려 할 때 가장 큰 걸림돌이 되는 것이 바로 물인데, 미국은 이마저도 극복할 수 있는 자연 요소가 있었습니다. 바로 로키산맥입니다. 로키산맥의 만년설이 녹은 물이 모여 이룬 강이 콜로라도강입니다. 콜로라도강은 흐르면서 거대한 협곡을 만들었지요. 이 협곡이 유명한 자연 관광지인 그랜드 캐니언입니다.

미국은 이 콜로라도강의 물을 활용하면 남서부 지역의 사막에서 사용할 물을 충분히 공급할 수 있다고 생각했습니다. 이때 필요

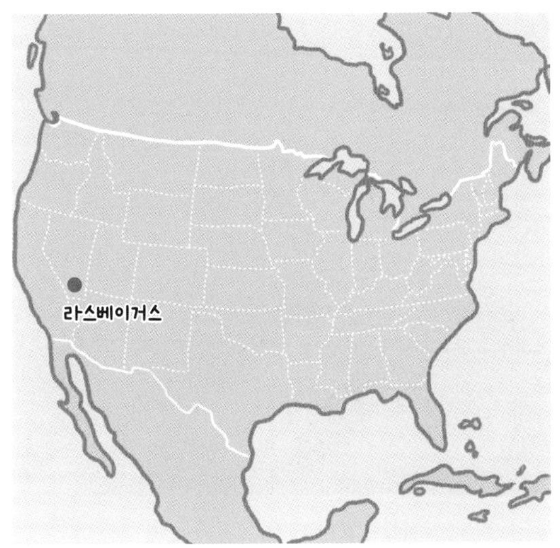

라스베이거스의 위치

한 시설이 바로 댐입니다. 1930년대 발생한 경제 대공황은 세계 최강국인 미국의 경제도 휘청거리게 했습니다. 이 위기를 극복하기 위해 미국은 '뉴딜 정책'으로 불리는 경제 부흥 정책을 펼쳤는데, 그 일환으로 콜로라도강에 댐을 만들었습니다. 이 댐이 바로 후버댐입니다. 1930년대의 기술력으로 만들었다고는 믿기지 않을 정도로 수력 발전량도 상당하고 저수량은 우리나라 소양강댐의 10배가 넘습니다. 후버댐이 건설되면서 미드호라는 인공 호수가 생겨났고, 미드호는 미국 남서부 주요 주들의 수자원 공급처가 되었습니다.

남서부 지역의 물 문제가 해결되자 사막 한복판에서도 개발이 활발히 이루어졌습니다. 호텔이 하나둘 생기고 관광 산업이 발달하면서 많은 사람이 모이는 화려한 도시가 되었지요. 사람들은 밤낮을 가리지 않고 도시의 유흥을 즐겼습니다. 이 도시가 바로 라스베이거

수위가 낮아진 후버댐 전경

스입니다. 지금의 라스베이거스는 후버댐이 없었다면 탄생할 수 없었을 것입니다.

하지만 최근 지구 온난화로 만년설이 급격하게 줄어들자 콜로라도강의 유량이 줄어들고, 강수량도 평소보다 적어져 후버댐의 미드호 수위가 계속해서 낮아지고 있다고 합니다. 라스베이거스는 지구 온난화와 직접적인 관계가 없는 도시 같지만, 사실은 후버댐 덕분에 발달한 도시인 만큼 지구 온난화가 지속되고 물이 점점 사라지면 라스베이거스가 살아남을지 장담할 수 없습니다.

샌드 오일과 셰일 가스 혁명

북부 아메리카의 자원

앞서 미국의 공업과 농업을 살펴보면서 왜 미국이 세계 최고의 경제 대국이 되었는지 알 수 있었습니다. 지리적 관점에서 미국은 선진국이 될 수밖에 없는 운명이라는 것을 증명하고 있지요. 그럼 이제 미국이 가진 힘의 원천인 풍부한 자원에 관해 이야기해 보겠습니다.

자원이라고 하면 무엇이 떠오르나요? 석유, 석탄, 천연가스 같은 화석에너지 자원 또는 구리, 철, 금, 은 같은 금속 자원들이 생각날 것입니다. 우리나라에는 이런 자원들이 없다고 생각하는 사람도 있지만, 몇몇 자원이 매장되어 있긴 합니다. 다만 풍족하게 사용할 수 있을 정도로 매장량이 많지 않아 자원을 대부분 수입하고 있지요. 그렇다면 미국은 어떨까요?

앞서 살펴본 것처럼 미국은 신기조산대와 고기조산대, 평야가 모두 넓게 펼쳐져 있어 지형 환경이 다양합니다. 이 넓고 광활한 땅에 여러 지형 요소가 모여 있으니 자원도 아주 다양하게 매장되어 있습니다.

주목할 점은 이 자원들의 매장량입니다. 특히 석유, 석탄, 천연가스 등의 화석에너지 자원은 엄청나게 많이 매장되어 있어서 미국이 자국의 산업 활동을 하는 데 충분한 양인 것은 물론 수출량 역시 세계적이지요. 그래서 미국은 추후 화석에너지 자원이 고갈될 때를 대비해 화석에너지 생산량을 조절하고 있을 만큼 매장량이 넉넉한 상황입니다.

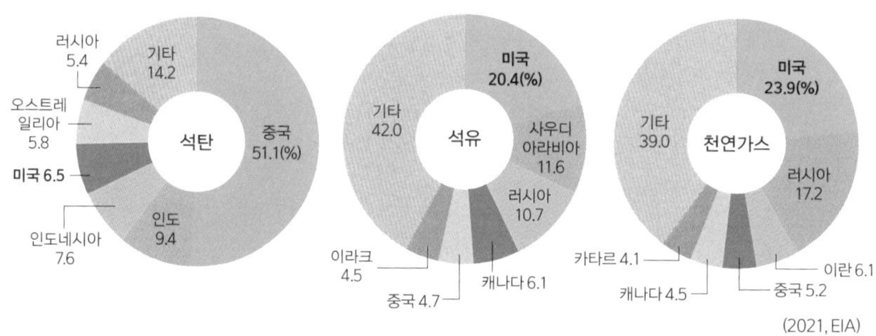

국가별 석탄, 석유, 천연가스 생산량 비율

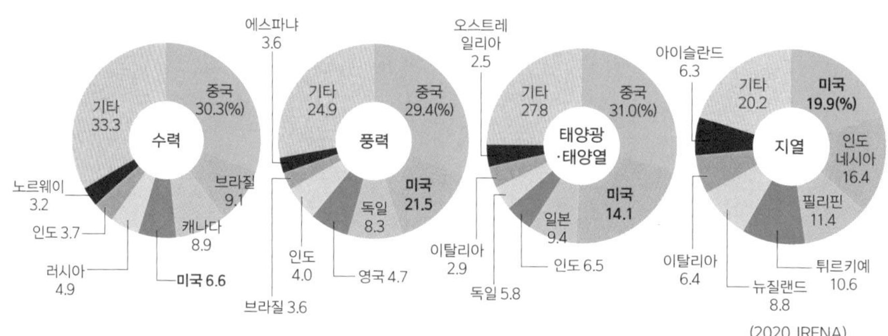

국가별 수력, 풍력, 태양광·태양열, 지열 발전량 비율

이에 따라 대체 에너지의 개발과 생산도 대규모로 이루어지고 있습니다. 뉴스나 기사에서 볼 수 있는 신재생에너지, 즉 수력, 풍력, 태양광, 지열 등의 발전이 여기에 해당합니다. 미국은 이 신재생에너지 생산량도 어마어마합니다.

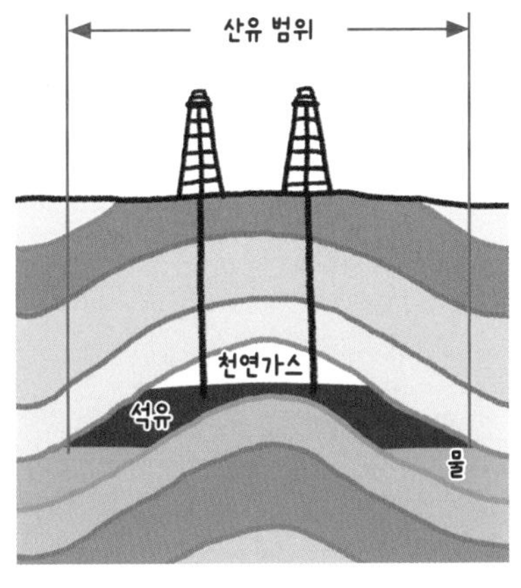

배사 구조

석유, 석탄 등의 화석에너지는 무한하지 않으므로 고갈될 때를 늘 대비해야 합니다. 얼마 전만 해도 화석에너지 고갈 문제가 심각하게 떠오르는 상황이었지만, 이 고갈 시기를 조금 늦추는 일이 발생합니다. 그것이 바로 샌드 오일과 셰일 가스 혁명입니다.

이를 알아보기 위해 화석에너지에 관해 조금 자세히 들여다보겠습니다. 석유, 석탄, 천연가스 중 현재 전 세계에서 가장 많이 사용하는 자원은 석유입니다. 이 석유는 어디에 매장되어 있을까요?

땅은 다양한 지층으로 이루어져 있습니다. 이 지층이 지각 변동 등으로 인해 압력을 받으면 그림처럼 휘어집니다. 이때 땅속에 있던 유기물들이 서로 반응하면서 빈 공간에 액체가 고이는데, 이 액체가 바로 석유입니다. 이 과정에서 발생한 가스는 천연가스이지요.

이렇게 휘어진 지층, 즉 배사 구조에 구멍을 뚫어 석유를 시추하는 배를 시추선이라고 합니다. 꼭 배사 구조로 빈 곳이 생기지 않더라도 지층의 작은 틈 사이에는 석유가 드문드문 분포합니다. 하지만 이 적은 양을 뽑아내려고 엄청난 비용을 들이며 시추선을 옮겨 설치할 수는 없었으므로 그동안은 없는 자원이나 마찬가지였지요. 일부 모래나 바위에 석유가 묻어나오기도 했습니다. 이처럼 지층의 작은 틈, 특히 셰일층에 껴 있는 석유와 천연가스를 셰일 가스라고 하고, 모래나 바위에 묻은 석유는 샌드 오일이라고 부릅니다. 셰일 가스와 샌드 오일은 분명 석유와 천연가스로 활용할 수 있지만, 생산비가 너무 많이 들어서 개발할 수가 없었습니다.

대체 에너지 개발이 활발해지면서 신재생에너지 개발이 이루어질 때 미국은 이 셰일 가스와 샌드 오일에 주목했습니다. '이 석유와 천연가스도 충분히 활용할 수 있지 않을까?' 하고요. 미국은 연구 끝에 셰일층에 흩어진 석유와 천연가스를 한 번에 채취할 수 있는 기술 개발에 성공했습니다. 샌드 오일에 묻은 석유와 천연가스의 채굴 비용도 낮출 수 있었지요.

이는 혁명이라고 부를 정도로 파급력이 대단히 컸습니다. 셰일 가스와 샌드 오일 매장량도 미국이 가장 많았기 때문에 세계 최대 석유 생산국인 사우디아라비아를 위협할 정도가 되었습니다. 그 결과 미국은 현재 석유와 천연가스 부분에서 2024년 기준 생산량이 모두 1위인 압도적인 산유국이 되었지요.

세계 최대의 경제 도시 뉴욕

세계 도시 체계와 국제 본부

우리가 사는 곳은 크게 촌락과 도시, 두 군데로 나눠 생각할 수 있습니다. 일반적으로 촌락은 주민 대부분이 1차 산업에 종사하면서 인구가 적고 자연환경이 잘 보존된 곳이라고 볼 수 있고, 도시는 주민 대부분이 2, 3차 산업에 종사하며 인구가 많고 도시적 생활 양식이 발달된 곳으로 볼 수 있습니다.

한 국가에서 도시에 얼마나 많은 사람이 살고 있는지 나타내는 지표를 도시화율•이라고 합니다. 도시화율이 높다면 도시에 사는 인구가 많고 도시적 생활 양식이 많이 보급되어 2, 3차 산업이 많이 발달한 나라라는 뜻입니다. 그래서 보통 선진국들은 도시화율이 70~80% 이상으로 나타나는데, 미국 역시 도시화율이 매우 높습니다.

• 도시화율은 도시인구 / 전체인구 × 100으로 구할 수 있습니다.

도시에는 여러 종류가 있습니다. 세계적으로 유명한 도시들을 한번 생각해 볼까요? 서울, 도쿄, 베이징, 뉴욕, 런던, 파리, 방콕, 하노이…. 그럼 세계적으로 유명한 다국적 기업들은 이 도시 중 어디에 본사를 두고 싶어 할까요?

보통 기업 본사는 자본을 대규모로 운용할 수 있고 우수한 연구진과 경영진들을 수급할 수 있는 인적 자원이 풍부한 곳에 두고 싶어 합니다. 앞에 언급한 도시들은 모두 각 국가에서 경제적 중심지 역할을 하는 곳이지만, 세계적인 영향력에서는 조금씩 차이가 있습니다.

국제기구의 수, 금융, 문화, 경제 등 제공하는 기능에서 도시마다 자연스럽게 차이가 생기고 이를 순위화하면서 계층이 발생하지요. 이렇게 세계 도시가 계층으로 체계를 이루는 것을 세계 도시 체계라고 합니다.

(2012, 〈휴먼 지오그래피〉)

세계 도시 체계

세계 도시 체계에서 가장 높은 위치를 차지하는 도시들을 최상위 세계 도시, 그 아래를 상위 세계 도시, 마지막을 하위 세계 도시라고 합니다. 최상위 세계 도시는 미국 뉴욕, 영국 런던, 일본 도쿄 등이 대표적입니다.

특히 뉴욕은 전 세계 최대의 경제 국가인 미국 안에서도 경제 중심지 역할을 하고 있어서 세계적으로 엄청난 영향력을 발휘하고 있습니다. 다양한 국제기구 본부들도 뉴욕에 위치하는데, 대표적으로 국제연합(UN) 본부가 뉴욕에 있습니다. 전 세계 금융에 영향을 주는 뉴욕 증권 거래소도 있지요. 천문학적인 돈들이 매일 뉴욕을 거쳐 갑니다. 문화적 요소들도 많이 모여 있는데, 우리가 익히 들어본 타임스퀘어, 브로드웨이는 물론 다양한 문화·공연 시설들이 많습니다. 자유의 여신상, 'I ♥NY', 센트럴 파크 등 다양한 상징과 랜드마크 또한 관광객들을 불러모으지요.

미국의 도시를 보면 세계의 도시가 보인다

도시 구조 모델

미국은 국가가 세워진 뒤 빠른 성장을 거듭했습니다. 그러면서 수많은 도시가 탄생했고, 도시에 관해 다양한 연구도 활발하게 진행되었습니다. 연구자들은 여러 도시를 살펴보다가 이들의 공통점을 발견해 냈습니다. 누가 시키거나 정하지도 않았는데 도시의 상업·업무 기능은 중심으로 모이고, 공업이나 주거 기능은 도시의 외곽으로 자연스럽게 이동하더라는 것입니다.

그 원인은 접근성에 따른 지대와 지가 차이 때문이었습니다. 접근성이 좋다는 것은 교통이 편리하고 이동이 용이하다는 뜻이고, 지가는 말 그대로 땅의 가격입니다. 이 중 지대라는 말이 가장 생소할 것 같습니다. 지대는 땅을 임대하는 과정에서 생기는 비용을 의미합니다. 쉽게 말해 땅을 빌려준 사람은 땅을 빌려준 대가로 임대료 수익이 발생하고, 땅을 빌린 사람은 땅을 빌린 대가로 임대료 비용이

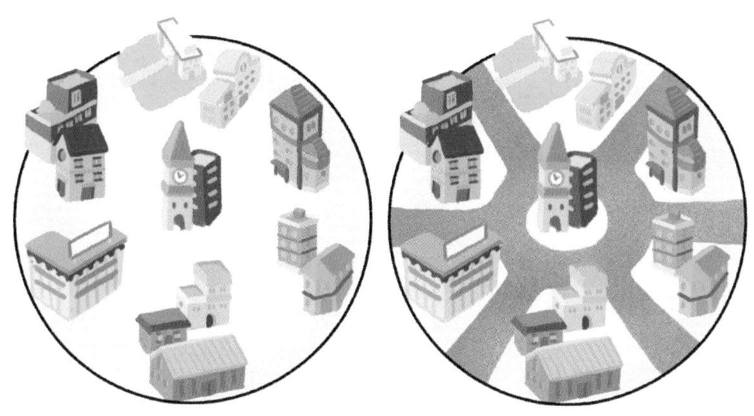

초기 도시(왼쪽), 도로가 생긴 도시(오른쪽)

발생하는데, 이때 발생한 수익과 비용을 지대라고 하지요.

예를 들어 그림처럼 둥근 모양의 초기 도시가 있다고 가정해 보겠습니다. 이 도시에서 접근성이 가장 좋은 곳은 어디일까요? 물론 중심이겠지요. 따라서 이 도시에 도로를 새롭게 만들어야 한다면 도로는 위의 그림처럼 중심을 지나게 될 것입니다.

이제 중심은 도시 어느 곳이든 이동하기 편한 접근성 좋은 지역이 되었습니다. 그러면 중심에는 자연스럽게 사람들이 많이 모이겠지요? 사람들이 많이 모이니 이 지역의 지가(땅값)가 올라갑니다. 지가가 올라가면 지대(임대료)도 높아집니다.

원래 중심 지역에는 사람 사는 집, 음식점이나 편의점 같은 소매상, 회사나 기업이 섞여 있었습니다. 그러나 이렇게 지가와 지대가 올라가면 이곳에 있기가 부담스러워진 기능이 있겠죠. 이 중 가장 타격이 큰 것은 집과 공장입니다. 집은 인간이 생활하는 데 가장 기본적인 필수 요소인 만큼, 집의 지가가 계속해서 올라간다면 생계를 직접적으로 위협합니다.

공장은 물건을 생산해서 이윤을 추구하는 시설입니다. 이윤을 많이 내려면 생산비를 최대한 줄여야 합니다. 하지만 지가와 지대가 계속해서 올라가면서 생산비가 오르고, 이러면 이윤이 적어집니다. 따라서 자연스럽게 주거 기능과 공업 기능은 도시 외곽으로 밀려납니다.

반면 중심에 있으면 더 큰 이득을 얻는 곳도 있습니다. 예를 들어 백화점은 값비싼 물건과 서비스를 제공하는 시설입니다. 백화점을 잘 운영하려면 많은 사람이 와서 물건을 사줘야 하지요. 그러려면 일단 사람들이 오고 가기 편리한 곳에 위치하는 것이 가장 중요합니다. 그래서 백화점은 지가와 지대가 비싸더라도 교통이 발달하고 접근성이 좋은 중심에 입지합니다.

기업 본사도 접근성이 좋은 지역에 위치하는 것이 유리합니다. 많은 사람이 오가기 때문에 우수한 인적 자원을 쉽게 구할 수 있고, 이곳에서 다양한 기업과 정보를 공유하는 것이 더 이득인 경우가 많기 때문입니다. 그래서 도시 중심에는 업무 기능과 상업 기능이 모이게 됩니다.

이 도시의 중심을 도심이라고 부르고, 업무·상업 기능이 모여 있는 곳을 중심 업무 지구(CBD)라고 부릅니다. 도심 바깥 지역은 외곽 지역이라고 하지요. 꼭 모양이 둥글지 않더라도 형태와 관계없이 도시는 도심과 외곽 지역으로 구성됩니다.

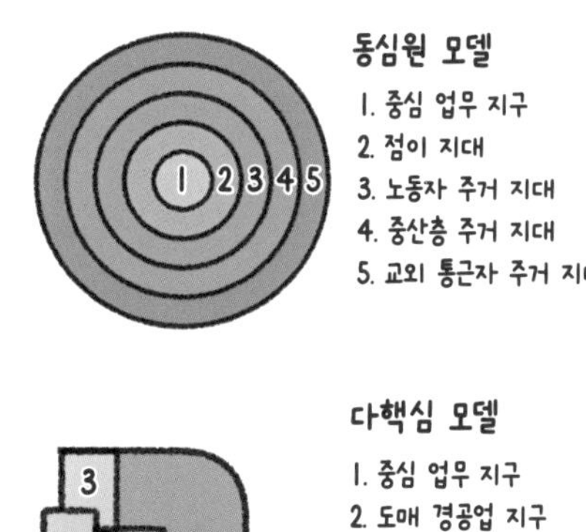

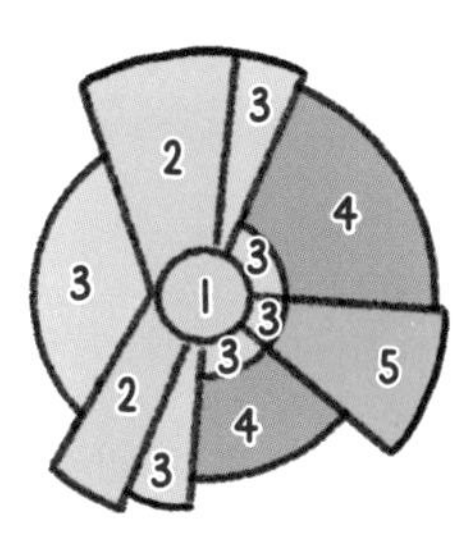

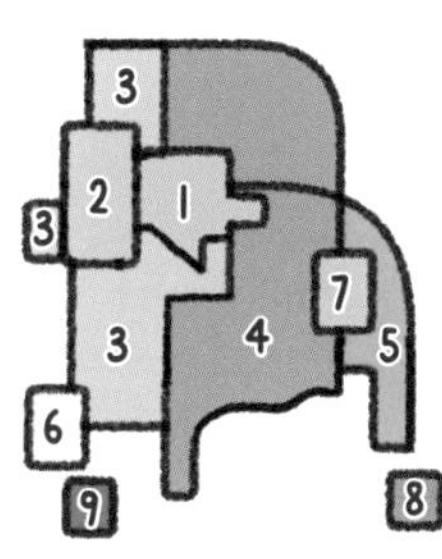

도시 내부 구조 이론

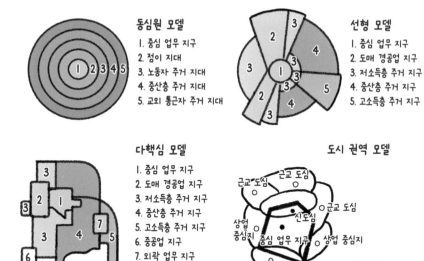

하지만 도시가 발달하는 데 지대와 지가의 영향만 있는 것은 아닙니다. 학자들은 접근성에 따른 지대와 지가 차이 이외에도 다양한 요소에 의해 도시 구조가 다르게 발달할 수 있다는 사실도 알아냈습니다.•

미국의 사회학자 어니스트 버지스는 시카고를 연구하다가 사회 계층에 따라 도시 내부 구조가 바뀔 수 있다는 '동심원 모델'을 만들

• 일반적으로 연구에서는 이론을 정립하기 위해 가정을 세우고 진행합니다. 그래서 해당 이론들이 실제 우리가 살고 있는 도시에 100% 완벽하게 적용되지는 않습니다.

어냈습니다. 도시의 구조는 동심원 배열로 이루어진다고 보았지요. 호이트라는 학자는 도로를 따라 도시 내부 구조가 변동될 수 있다는 선형 모델을 제시했는데, 자동차가 널리 보급되면서 동심원 배열보다는 도로를 따라 선형으로 발달한다고 주장했습니다.

이외에도 해리스와 울먼은 토지 이용의 종류에 따라 핵이 여러 곳인 형태로 도시 내부 구조가 변화한다는 다핵심 모델을 주장했고, 밴스는 교통 발달과 대도시권 형성에 따라 도시 구조가 변동될 수 있다는 도시 권역 모델을 만들어냈습니다.

이처럼 빠르게 발달하는 미국의 도시 특성을 연구하는 과정에서 다양한 모델이 등장했고, 이를 활용해 전 세계 도시의 구조를 분석·설명하고 있습니다.

캐나다 국민 대부분은 미국 국경 근처에 산다

캐나다의 기후와 지형

이제 북부 아메리카의 또 다른 나라인 캐나다에 대해 알아보도록 하겠습니다. 캐나다는 미국과 비슷한 특징을 많이 가지고 있습니다. 미국과 마찬가지로 유럽에서 온 이주자들이 세운 국가이고, 미국의 지형과 비슷하게 서쪽에는 로키산맥, 동쪽에는 애팔래치아산맥, 중앙에는 광활한 대평원이 펼쳐져 있습니다.

덕분에 캐나다 역시 많은 자원을 소유하고 있는 자원 대국 중 하나입니다. 석유, 천연가스 등의 생산량이 세계적인 수준이지요. 하지만 미국과 결정적인 차이가 있는데, 바로 기후입니다.

캐나다는 미국보다 더 고위도에 있어서 대부분 냉대 기후이고, 북극해와 마주한 곳은 한대 기후까지 나타납니다. 인간이 생활하기에는 너무 추운 환경이지요. 그래서 캐나다 국민 대부분은 가장 남쪽인 미국과의 국경선 지역에 모여 살고 있습니다. 캐나다 국민의 약

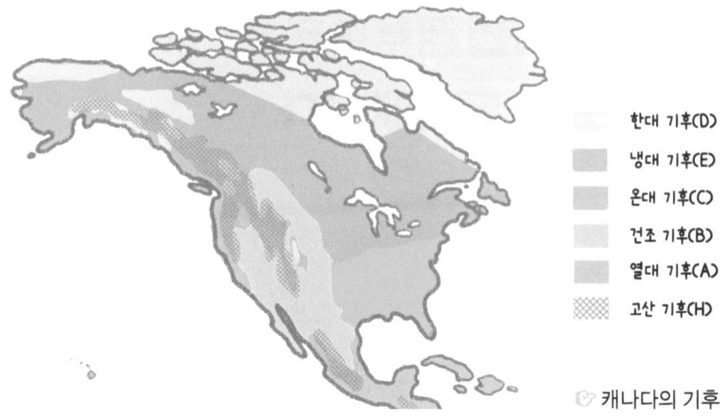

캐나다의 기후

90%가 미국 국경 근처에 살고 있다고 합니다. 그래서 산업과 경제도 국경 지역을 중심으로 발달했습니다. 캐나다의 유명한 대도시인 밴쿠버, 몬트리올, 오타와, 퀘벡 등이 모두 국경선 근처에 있습니다.

과거 빙하기 때는 캐나다 지역이 모두 빙하로 덮여 있었기 때문에 빙하와 관련된 지형도 많이 발달했습니다. 캐나다에도 호수가 많은데, 이 호수들은 빙하가 녹으면서 만들어진 빙하호입니다. 그래서 캐나다는 이 빙하호를 활용한 수력 발전이 활발합니다.

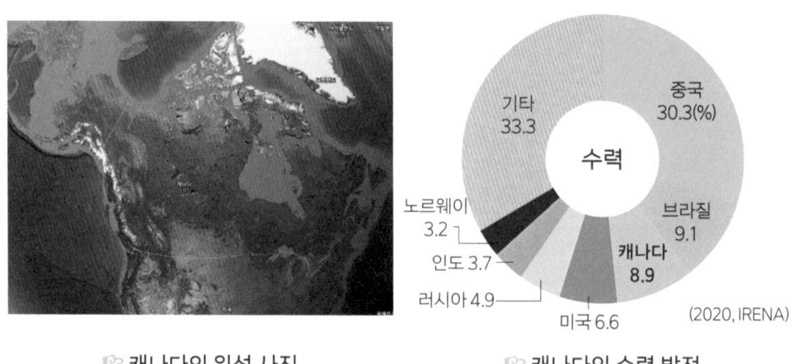

캐나다의 위성 사진

캐나다의 수력 발전

여기서는 영어를 써야 할까? 프랑스어를 써야 할까? 캐나다의 언어 분쟁

우리나라는 예전부터 한민족이 한반도에 터전을 잡고, 같은 언어를 사용하면서 살아왔습니다. 하지만 북부 아메리카의 상황은 우리나라와 매우 다릅니다. 미국과 캐나다는 유럽에서 온 이주민들이 만든 나라이기 때문에 다양한 민족과 인종들이 처음부터 지금까지 함께 어우러져 살아가고 있습니다. 한 나라 안에서도 언어와 문화가 다양하지요. 이 과정에서 크고 작은 분쟁이 발생하기도 하는데, 나머지 주와 언어가 다른 캐나다의 퀘벡주는 독립을 요구하며 국민 투표까지 진행하기도 했습니다.

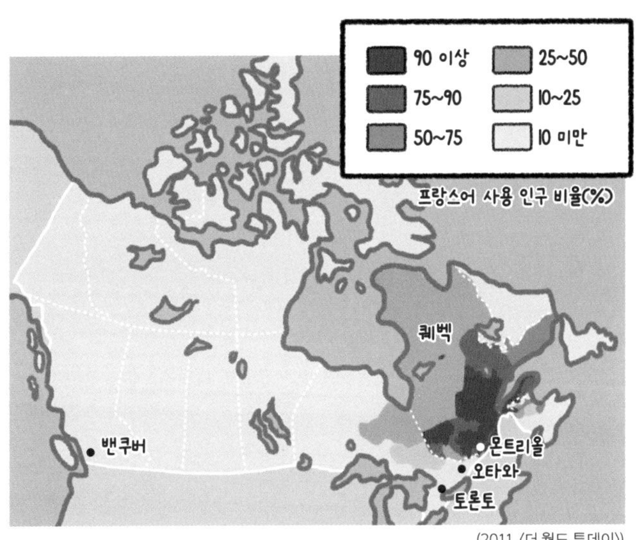

(2011, 〈더 월드 투데이〉)

캐나다의 언어 분포

캐나다 지역은 원래 대부분 프랑스의 식민지였습니다. 그러다 프랑스가 영국과의 전쟁에서 패배하면서 영국의 식민지가 되었지요. 이때 예전에 프랑스에서 넘어온 이주민들이 한 지역에 모여 살게 되었는데, 그 지역이 지금의 퀘벡주입니다.

캐나다는 영어를 주로 사용하는 독립 국가이지만, 퀘벡주에는 여전히 프랑스어를 사용하는 주민들이 많습니다. 이들은 영어를 사용하는 다른 주민들과 언어가 다르다 보니 문화적으로 크고 작은 충돌이 계속해서 쌓여갔습니다.

결국 퀘벡주 주민들은 독립을 요구했고, 1980년과 1995년에 주민 투표를 진행했습니다. 하지만 독립 찬성 49.4%, 독립 반대 50.6%라는 아주 근소한 차이로 독립이 무산되었습니다. 하지만 지금도 독립에 대한 의지가 높기 때문에 언젠가 캐나다는 둘로 나뉠지도 모릅니다.

4장

중·남부 아메리카

축구만 유명한 게 아닙니다

커피 생산 1위 브라질

현대 사회의 필수 음식이 있습니다. 요즘 이것이 없으면 생활이 안 된다는 사람도 많지요. 카페인이 들어 있어 우리 몸에 각성 효과를 일으키는 이 음식은 무엇일까요? 정답은 바로 커피입니다.

커피의 원산지는 아프리카의 에티오피아 지역으로 알려져 있습니다.(246쪽 참고) 커피는 열대 기후에서 자라는 식물입니다. 열대 기후 중에서도 1년 내내 비가 오는 지역이 아니라 건기가 있는 열대 사바나 기후에서 특히 잘 자랍니다. 그래서 전 세계의 주요 커피 생산국들은 모두 이 열대 사바나 기후 지역에 속하는 국가들인데, 이 열대 사바나 기후 지역을 '커피 벨트'라고 부르기도 합니다.

대표적으로 브라질, 콜롬비아, 베트남 등이 있지요. 특히 이 커피 벨트 중에서도 커피를 가장 많이 생산하는 나라가 바로 브라질입니다. 브라질은 국토가 넓은 만큼 열대 사바나 기후인 지역 면적도

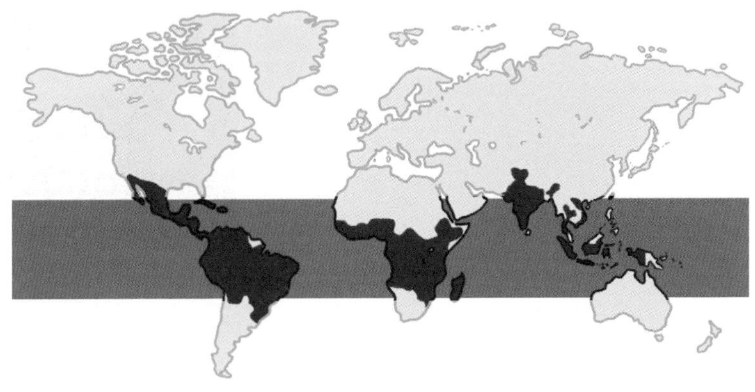

커피 벨트

넓습니다. 또한 열대 사바나 기후 지역은 주로 고원 지대에 나타납니다. 커피를 생산하기에 더할 나위 없이 좋은 조건을 갖추고 있지요.

전 세계에서 커피를 가장 많이 생산하는 나라가 브라질이기 때문에 국제 커피 가격에도 브라질의 영향력이 매우 큽니다. 하지만 최근 아마존 열대림 파괴와 지구 온난화 등으로 기후 변화가 급격하게 일어나고 있고, 이 기후 변화가 커피 재배지에 큰 피해를 주고 있습니다. 최근 많은 다국적 커피 기업이 커피 가격을 올리고 있는데, 가장 큰 이유가 기후 변화로 인해 커피 재배가 점점 어려워지고 있기 때문입니다.

게다가 중간 유통 상인들과 기업은 많은 이득을 취하는 반면 정작 커피를 재배하는 농부들이 이익을 챙기지 못하는 구조 역시 큰 문제입니다. 이런 현상을 막기 위해 최근에는 공정무역 인증 마크를 부여하고 있습니다. 이 마크는 중간 유통 상인들의 부적절한 이득을 제한하고 커피 재배자에게 공정한 임금을 부여한다는 의미입니다. 이제 어떤 나라에서 커피를 생산했는지 눈여겨보고, 가능한 한 공정무역 커피를 마시는 것이 세계 시민으로서의 자세겠지요?

공정무역 마크

중·남부 아메리카에서 스페인어와 포르투갈어를 많이 쓰는 이유

중·남부 아메리카의 언어

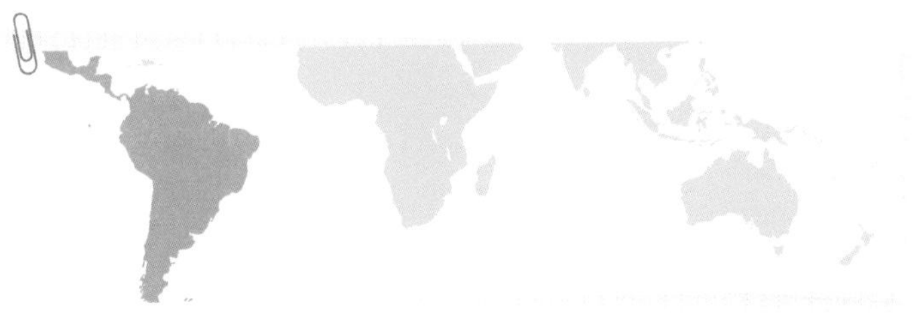

우리나라에서는 제1외국어로 영어를 배웁니다. 그러면 미국이나 유럽에서는 주로 어떤 제1외국어를 배울까요? 바로 스페인어입니다. 미국과 유럽에서 스페인어를 가장 많이 배우는 이유는 당연하게도 스페인어를 쓰는 국가들이 매우 많기 때문입니다. 일단 거의 모든 중·남부 아메리카 국가가 스페인어를 모국어로 사용합니다. 그래서 영어와 스페인어만 알면 어디를 가도 대화가 된다는 말이 나오는 것이지요. 왜 중·남부 아메리카에서는 스페인어를 많이 사용하게 되었을까요?

13세기, 유럽이 이슬람으로부터 성지인 예루살렘을 탈환하기 위해 일으킨 십자군 전쟁의 숨겨진 내막에는 향신료인 후추가 있었습니다. 당시 유럽에서는 인도에서 넘어온 후추가 엄청난 인기를 끌었거든요. 그래서 더 많은 양의 후추를 수입해 오길 원했습니다.

당시 후추는 인도에서 수입했는데, 인도와 유럽의 중간 길목에 예루살렘과 서남아시아가 있어 무역로를 이곳의 이슬람 국가들이 꽉 잡고 있었습니다. 즉 크리스트교의 성지 예루살렘을 탈환한다는 표면적인 이유 속에는 인도와의 무역로를 확보하려는 숨겨진 목적도 있었던 것이지요.

하지만 이는 실패로 끝났고, 인도와의 육지 무역로는 완전히 막혀버렸습니다. 그래서 유럽 국가들은 지구가 둥글다는 사실을 이용해 배를 타고 정반대 방향인 대서양을 향했습니다. 이 시기를 대항해시대라고 부르는데, 가장 발 빠르게 움직인 나라가 스페인과 포르투갈입니다.

스페인과 포르투갈은 유럽에서 가장 서쪽에 있고, 대서양과 직접적으로 맞닿아 있었던 덕분에 배를 띄우기만 하면 바로 항해를 떠날 수 있었습니다. 당시 유럽 사람들은 대서양을 넘어 계속 가다 보면 인도에 닿을 것이라 생각했는데, 뜻밖에도 인도가 아닌 새로운 땅을 발견했습니다. 이 땅이 바로 아메리카 대륙입니다.

자연스럽게 아메리카 대륙은 스페인과 포르투갈의 식민지가 되었습니다. 현재 미국과 캐나다 지역도 맨 처음에는 스페인의 식민지였습니다. 그러다 유럽 국가 간의 식민지 경쟁 끝에 북부 아메리카 지역은 영국이 지배하고, 멕시코부터 남쪽으로 이어지는 아메리카 지역은 스페인과 포르투갈이 지배했습니다.

둘 중 스페인의 영향력이 더 강했기 때문에 브라질을 제외한 중·남부 아메리카 지역 대부분은 스페인이 지배하게 되었습니다. 그래

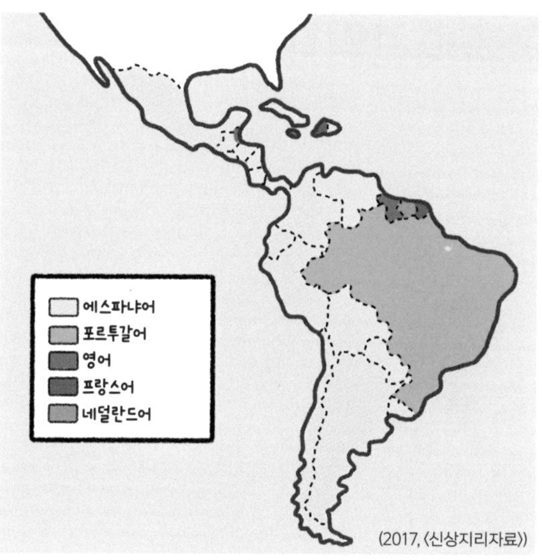

중·남부 아메리카의 언어 분포

서 현재까지도 스페인어와 포르투갈어가 모국어인 것이지요. 그 영향으로 화폐 단위도 대부분 페소(스페인계 화폐 단위)를 쓰고 있습니다.

스페인과 포르투갈이 속한 남부 유럽에 살고 있는 사람들은 주로 라틴족입니다. 그래서 스페인어와 포르투갈어를 사용하는 멕시코 이남의 아메리카 지역을 라틴 언어를 사용하는 라틴 문화가 정착한 아메리카라고 해서 라틴 아메리카라고도 부릅니다.

문화혼종성의 대륙

다민족 혼혈 사회

우리나라는 오랫동안 한민족(韓民族)이라는 단일 민족 국가였습니다. 사람마다 약간의 외모 차이만 있을 뿐 같은 인종이기 때문에 세대를 이어 시간이 지나도 같은 인종이 유지되었지요. 하지만 최근에는 세계화의 흐름으로 국제결혼 비중도 많이 늘어나면서 혼혈아들이 많이 태어나고 있습니다. 그런데 이미 몇백 년 전인 16~17세기부터 혼혈인 비중이 아주 높은 곳이 있습니다. 바로 중·남부 아메리카 지역입니다.

원래 아메리카 지역에 살던 사람들은 인디오입니다. 14세기 이후 이곳에는 유럽 사람들이 식민 지배를 하기 위해 많이 이주해 왔습니다. 이들은 유럽계 인종(백인)입니다. 원래 인간은 웬만하면 같은 민족끼리 서로 집단을 이루고 생활하려 하는데, 중·남부 아메리카에서는 독특하게도 유럽계 인종과 원주민 간의 혼혈이 활발하게 이루

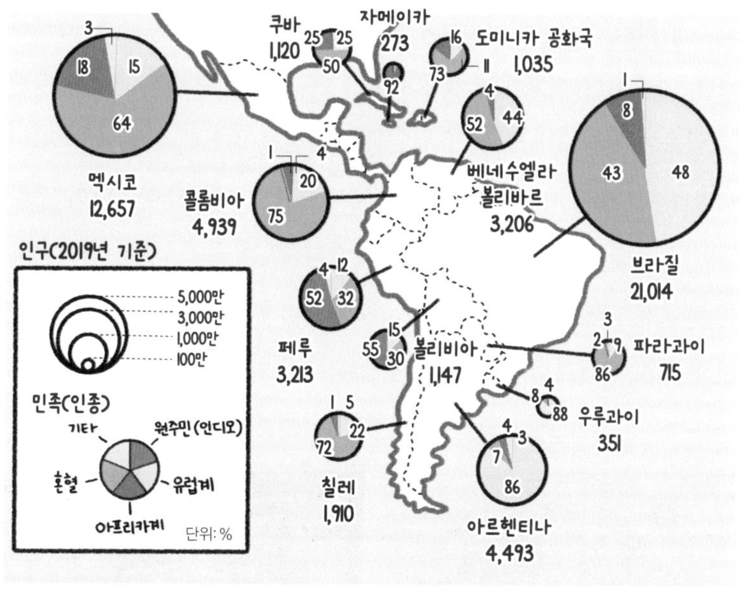

중·남부 아메리카의 민족 분포

어졌습니다.

그러다가 중·남부 아메리카의 열대 기후 지역에서 대규모 플랜테이션 농업이 행해지게 됩니다. 이때 많은 노동력이 필요해지자 유럽인들은 아프리카 식민지에서 아프리카계 인종인 흑인 노예를 많이 데려왔습니다.

이들 역시 중·남부 아메리카에 정착하면서 유럽계 백인, 아메리카 원주민, 아프리카계 흑인 간의 혼혈이 공존하게 되었습니다. 따라서 중·남부 아메리카에서는 혼혈 민족(인종)이 차지하는 비중이 매우 높습니다.

좀 더 자세하게 위치와 나라별로 민족 분포를 살펴보면, 중·남부 아메리카에서 가장 유럽 쪽에 가까운 동부 지역인 브라질, 아르헨티나, 우루과이 지역에는 유럽계 이주민이 많이 정착했기 때문에 백인 비율이 높습니다. 특히 유럽인들은 자신들이 원래 살던 지역과 비슷한 온대 기후 지역에 정착하고 싶어 했으므로 아르헨티나와 우루과이의 온대 기후 지역에 많이 살았습니다. 그 결과 이 두 나라에서는 유럽계 백인 비율이 거의 90%에 육박하게 되었습니다. 브라질 역시 유럽계 백인의 비율이 인종 구성 중에서 가장 높습니다.

백인, 흑인, 혼혈이 골고루 섞인 브라질 축구 국가대표팀

백인 위주인 아르헨티나 축구 국가대표팀

대부분 원주민 및 혼혈 인종으로 구성된 멕시코 축구 국가대표팀

대부분 흑인으로 구성된 자메이카 축구 국가대표팀

아프리카계 흑인 노동력이 많이 동원된 카리브해 연안의 열대 기후 지역에는 흑인의 비율이 매우 높습니다. 원주민들이 문명을 이뤄 살던 아즈텍 문명 지역, 잉카 문명 지역, 마야 문명 지역이 있던 볼리비아, 페루, 멕시코 일대는 원주민들의 비율이 높습니다. 나머지 지역에서는 혼혈 비율이 매우 높게 나타납니다.

이렇게 다양한 민족과 인종이 섞여 살아가는 중·남부 아메리카에서는 두 가지 이상의 문화가 결합해 새로운 문화가 생겨나기도 했습니다. 이를 '문화혼종성'이라고 합니다. 대표적인 예시가 브라질의 리우 카니발, 아르헨티나의 탱고입니다.

리우 카니발은 브라질로 건너온 사람들의 크리스트교 축제와 아프리카 전통 타악기 연주·춤이 합쳐져 브라질 고유의 문화가 되었습니다. 아르헨티나의 탱고 역시 스페인 이민자들의 춤에 아프리카의 리듬, 아메리카 원주민의 전통 음악이 섞여 만들어진 문화혼종성의 결과물입니다.

바다가 없는데 해군이 있는 나라

볼리비아의 숙원

볼리비아는 남아메리카 안데스산맥에 위치한 고산 국가입니다. 이곳은 잉카 문명이 번성한 지역이라 고산 문명 유적지가 많고, 우유니 소금사막으로 매우 유명한 나라이기도 합니다.

현대 사회에서 무역의 중요성은 계속 커지고 있습니다. 그리고

우유니 소금사막

☞ 현재 볼리비아의 영토

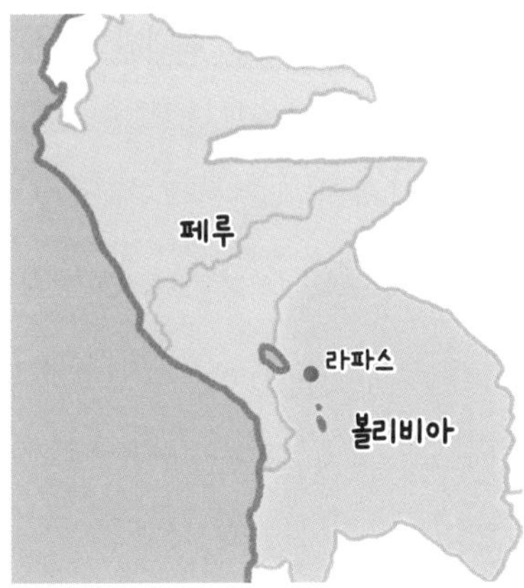

☞ 과거 볼리비아의 영토와 티티카카호의 위치

무역을 하는 데 가장 중요한 요소가 바로 바다입니다. 하지만 현재 볼리비아는 바다가 없는 내륙 국가입니다. 그런데도 볼리비아에는 바다를 지키는 해군이 있다고 합니다. 이게 어떻게 된 일일까요?

원래 볼리비아는 태평양으로 진출할 수 있는 바다와 접해 있었습니다. 하지만 칠레와의 태평양 전쟁으로 태평양 연안 지역의 영토를 모두 잃고 현재의 국경이 되었습니다. 그럼에도 현대 사회에서 워낙 바다의 중요성이 큰 탓에 볼리비아는 외교적 문제를 감수하고 태평양으로의 진출을 계속해서 시도하고 있습니다.

따라서 해군 군사력이 필요하기 때문에 과거 바다와 접한 시절에 만들었던 해군을 아직 유지하고 있는 것이지요. 그러면 '이제 바다가 없는데 군사 훈련은 어떻게 할까?'라는 의문이 듭니다.

볼리비아의 수도 라파스 주변의 큰 호수가 보이시나요? 이 호수는 티티카카호라고 부릅니다. 안데스산맥에 있어서 세계에서 가장 높은 호수•라는 별명을 갖고 있습니다. 이 호수의 크기는 무려 8,372km^{2}로, 서울보다 약 14배나 넓은 면적입니다.

페루와의 국경선에 걸치기 때문에 모든 호수가 볼리비아의 소유는 아니지만, 상당 부분은 볼리비아에서 소유·관리하고 있습니다. 이 호수는 실제로 보면 바다와 같은 크기를 자랑합니다. 그래서 이 티티카카호에 볼리비아의 해군 기지가 자리 잡고, 여기에서 군사 훈련을 하고 있다고 합니다.

• 실제로 티티카카호보다 더 높은 해발고도에 위치하고 있는 호수도 많지만 널리 알려진 호수가 티티카카호여서 이런 별명이 붙었습니다.

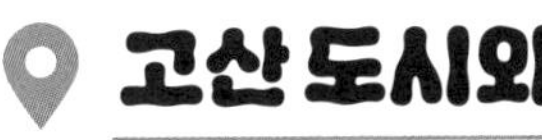

고산 도시와 고산 문명의 대륙

잉카, 아즈텍, 마야 문명

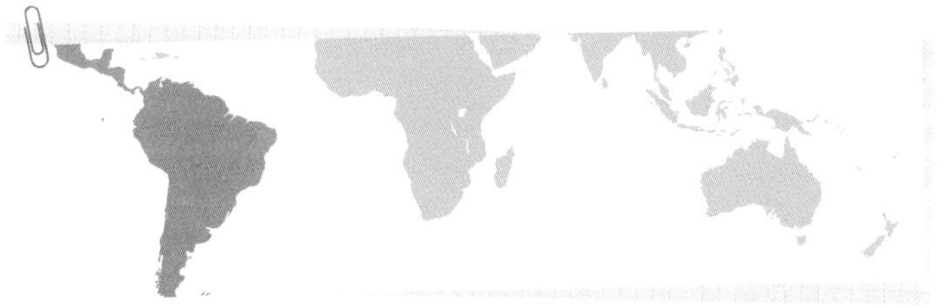

앞에서 중·남부 아메리카에서는 혼혈 인종이 매우 많다고 배웠지요. 이 중 아메리카 원주민(인종)이 많이 분포한 곳이 어디였는지 기억하고 있나요? 바로 고산 문명이 번성한 곳인 멕시코, 페루, 볼리비아 지역입니다. 그렇다면 이곳에는 어떻게 문명이 꽃피울 수 있었던 것일까요? 그리고 왜 이 지역의 문명들은 지금까지 이어지지 못했을까요?

중·남부 아메리카에 있었던 문명들도 유명한 메소포타미아 문명이나 이집트 문명 못지않게 찬란한 발전을 이루었지만, 결국 제국주의의 침략을 받아 멸망했습니다. 중·남부 아메리카에서 꽃피운 대표적인 문명은 아즈텍 문명, 마야 문명, 잉카 문명입니다.

중·남부 아메리카는 멕시코부터 페루까지 남북으로 긴 대륙입니다. 이곳에서 가장 많이 나타나는 기후대는 열대 기후입니다. 열대 기후는 인간이 살아가기에는 너무 더운 조건이지요.

게다가 중·남부 아메리카의 열대 기후 지역에는 아마존과 같은 열대 우림이 펼쳐져 있어서 야생 동물의 위협, 해충들로 인한 질병 창궐 등 수많은 악조건이 도사리고 있었습니다. 현대 과학 기술이 발달한 지금도 이 지역에서 살아가는 것이 쉽지 않은데, 옛날 이곳에 살던 사람들은 엄청난 고통을 겪었을 것입니다.

이때 사람들이 주목한 곳이 바로 안데스산맥입니다. 고도가 올라갈수록 기온은 낮아집니다. 히말라야 같은 높은 산맥에 만년설이 뒤덮인 것을 본 적이 있을 거예요. 지표가 너무 덥고 힘들었던 중·남부 아메리카의 열대 기후 지역 사람들은 이 사실을 깨닫고는 산맥 위로 올라가기로 했습니다. 이때부터 멕시코 지역의 아즈텍 문명과 마야 문명, 페루와 볼리비아 지역의 잉카 문명 등 찬란한 문명이 태동했지요.

중·남부 아메리카 지역의 고대 문명

최한월 평균 기온이 18℃ 이상인 기후를 열대 기후라고 하는데, 기후 그래프를 보면 다음과 같이 나타납니다.

강수 패턴은 열대 기후 안에서도 다양하게 나타나지만,* 기온은 1년 내내 항상 높게 유지되

* 열대 기후는 강수 패턴에 따라 열대 사바나 기후, 열대 우림 기후, 열대 몬순 기후로 나뉩니다.

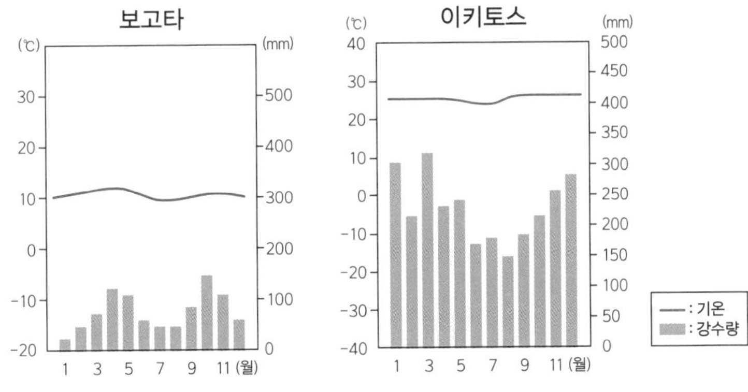

열대 고산 기후(보고타)와 열대 우림 기후(이키토스)의 차이

는 것을 볼 수 있습니다. 여기서 고도가 올라가면 1년 내내 기온이 10~15℃를 유지하는 기후가 나타납니다.

10~15℃는 우리나라의 봄 기온과 비슷합니다. 그래서 1년 내내 봄 날씨라고 해서 상춘(常春) 기후라고 부르기도 합니다. 생활하기가 매우 좋았겠지요?● 그래서 이곳에서 문명을 꽃피울 수 있었던 것입니다. 잉카 문명의 마추픽추 같은 멋진 건축물과 유적들이 당시 전성기가 얼마나 화려했는지를 말해주지요.

그러나 이 찬란한 문명들은 유럽에 의해 모두 파괴되고 식민 지배를 당하게 되었습니다. 만약 이곳을 유럽인들이 침략하지 않고 문명을 계속해서 유지했다면 세계사는 완전히 다르게 흘러갔을지도 모릅니다.

● 고산 환경에 익숙하지 않은 사람이 만약 이처럼 해발고도가 높은 곳으로 관광을 간다면 고산병에 주의해야 합니다!

세계에서 가장 건조한 곳은?

아타카마 사막

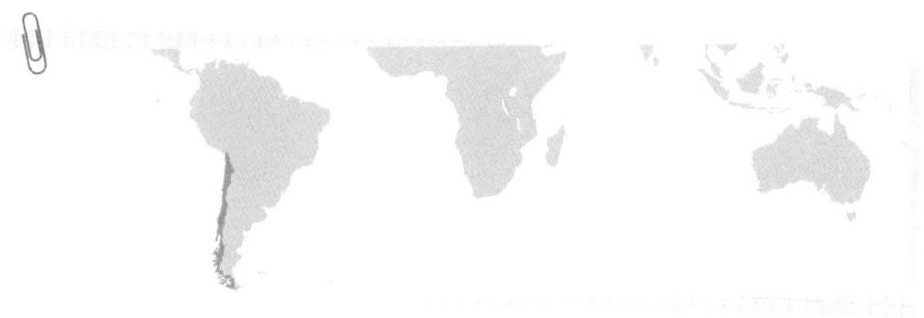

아타카마 사막과 파타고니아 사막

세계에서 가장 건조한 곳은 어디일까요? 어떤 사람들은 이곳에 무려 4천 년 동안 비가 오지 않았다고 주장하기도 합니다. 이곳은 바로 페루와 칠레에 걸쳐 있는 아타카마 사막입니다.

이곳이 '세계에서 가장 건조한 지역'으로 불리는 이유는 사막이 형성될 수 있는 거의 모든 조건을 갖춘 곳이기 때문입니다.

지구에는 1년 내내 더운 적도와 1년 내내 추운 극지방이 존재합니다. 하지만 적도는 늘 뜨겁기만 하고, 극지방은 차갑기만 하다면 지구의 열 균형은 무너질 것입니다. 그래서 적도의 뜨거운 에너지는 극지방으로, 극지방의 차가운 에너지는 적도 지역으로 이동하는데 이를 지구의 열순환이라고 합니다.

열순환은 다양한 방식으로 이루어집니다. 이 중 대표적인 방식이 공기가 순환하는 대기 대순환과 바닷물이 순환하는 해류 순환입니다. 우리가 흔히 들어본 난류와 한류는 바로 이 열순환 때문에 발생합니다. 아타카마 사막이 있는 남아메리카의 태평양 인접 지역은 남극에서 흘러오는 차가운 페루 한류가 흐릅니다.

목욕탕에서 냉탕 옆을 지나가거나 화장실에서 찬물을 틀어놓았을 때 차가운 냉기를 느껴본 적이 있을 것입니다. 이렇게 냉기가 있는 물이 대륙 옆을 계속해서 흐르고 있다고 생각해 보세요. 주변보다 공기가 차갑겠지요?

이 차가운 공기는 밀도차에 의해 상승하지 못하고 가만히 정체합니다.● 비구름은 공기가 대기 중으로 상승해야 만들어집니다. 그러

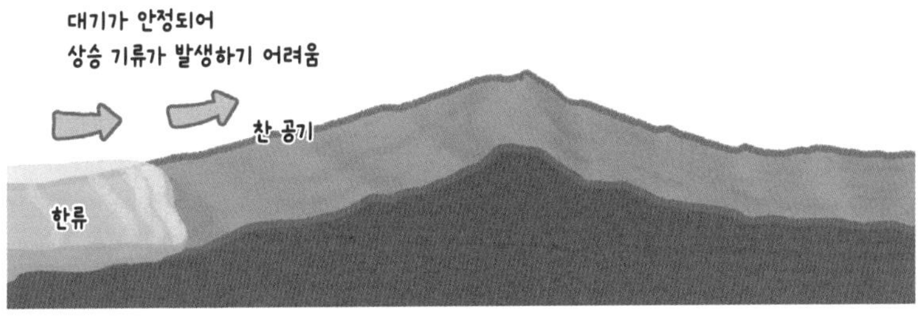

한류 연안에 형성되는 사막

● 뜨거운 공기는 위로 올라가려는 성질이 있습니다. 밀도가 낮아 위로 올라가려는 것이지요. 차가운 공기는 밀도가 높아서 아래로 내려가려는 성질을 갖고 있습니다. 사우나에 들어갔을 때 얼굴은 뜨겁다고 느껴도 발바닥은 뜨겁다고 느끼지 않는 것도 이 때문입니다.

나 이 페루 한류가 흐르는 지역에서는 공기의 상승이 일어나지 않으니 비구름이 만들어지지 못하고, 그 결과 비가 내리지 않게 된 것이지요.

게다가 아타카마 사막은 대기 대순환에 의해 동풍의 영향을 많이 받는 곳입니다. 이 동풍은 아타카마 사막 동쪽의 안데스산맥을 타고 넘어오면서 엄청나게 건조한 바람이 됩니다. 바람이 산맥에 부딪히면 공기가 상승하면서 비를 뿌리게 되고, 비를 다 뿌리고 난 바람이 산을 넘으면서 고온 건조한 바람으로 바뀌는 것이지요. 이때 바람이 부딪히는 곳을 바람받이 사면, 바람이 타고 넘어가 건조해진 곳을 비그늘 사면이라고 합니다. 아타카마 사막은 비그늘 지역에 위치하므로 매우 건조한 지역이 되었습니다.

이곳의 위도 역시 비가 내리지 않는 원인으로 작용합니다. 아타카마 사막은 아열대 고압대의 영향을 받는 곳입니다. 사하라나 고비 같은 세계적인 사막 지역들은 모두 아열대 고압대에 위치하고 있지요. 아타카마 사막 역시 아열대 고압대에 속해 있어 비가 내리기 어렵습니다.

이처럼 아타카마 사막은 사막을 형성하는 여러 가지 조건을 빠짐없이 모두 충족하고 있어서 세계에서 가장 건조한 지역으로 유명한 곳이 되었습니다.

당연히 이 지역에 살고 있는 사람들은 물을 구하기가 매우 어렵겠지요. 어떤 사람은 "바로 옆에 바다가 있는데 왜 물을 구하기 어렵나요?"라고 묻기도 합니다. 하지만 바다에는 염분이 있기 때문에 식

비그늘 지역의 형성 원리

수로도, 농업용수로도 사용할 수 없습니다. 식물들은 염분에 취약하니까요. 그럼 이곳 사람들은 어떻게 물을 구할까요? 바로 '안개'에서 물을 얻습니다.

한류가 흐르는 탓에 비구름은 없지만, 차가운 공기와 따뜻한 공기가 만나는 지점은 있기 때문에 안개가 자주 낍니다. 한류가 흐르는 지역의 가장 큰 특징이 대기가 안정•되어 있다는 것과 안개가 자주 발생한다는 것입니다.

하지만 이 안개는 비구름이 아니기 때문에 물을 얻을 수가 없지요. 그래도 이 지역 사람들은 안개를 활용하기 위해 지혜를 발휘했습니다. 이 안개를 카만차카(camanchaca)라고 부르는데, 이 카만차카에 그물망을 쳐서 물을 얻는 방법을 고안해 냈습니다.

분무기를 허공에 쏘면 물방울이 바로 증발해 버리지만, 손바닥

• 뜨거운 공기가 위로 올라가고 차가운 공기는 아래로 내려가는 공기의 흐름인 대류 현상이 활발하지 않을수록 대기가 안정되어 있다고 합니다.

카만차카에 친 그물망

평소의 아타카마 사막과 비가 내린 뒤의 아타카마 사막

이나 방충망에 뿌리면 물방울이 맺힙니다. 이와 같은 원리로 안개가 생기기 전 미리 그물망을 쳐놓은 다음, 그곳에 안개가 지나가면 그물에 맺힌 물방울을 모아서 식수나 농업용수로 활용하는 것이지요.

인간은 지혜를 발휘해 세계에서 가장 건조한 사막에서도 생활할 수 있게 되었습니다. 그런데 최근 지구 온난화로 인해 이곳에도 기후 변화가 나타나면서, 몇십 년 동안 내려야 할 강수량이 하루에 내려 꽃을 피우는 장관이 펼쳐지기도 했습니다.

슬럼 문제가 심각한 중·남부 아메리카

슬럼과 종주도시화

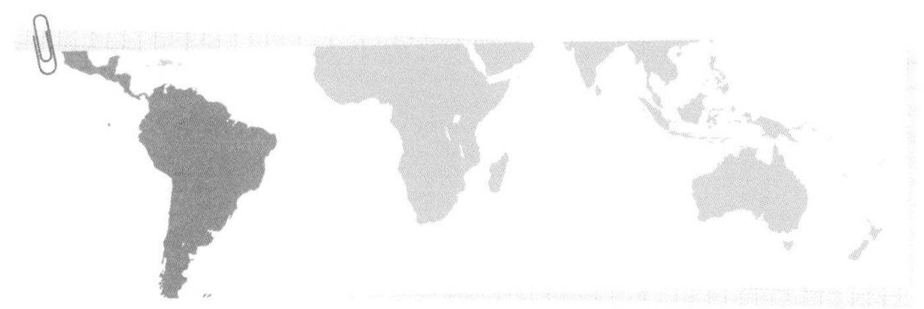

우리가 살아가는 공간을 정주 공간이라고 하는데, 정주 공간은 크게 촌락과 도시로 나뉩니다. 촌락에서 사는 사람이 더 나은 정주 환경과 일자리, 문화 시설 등을 누리기 위해 도시로 떠나는 경우가 있지요. 이를 이촌향도 현상이라고 합니다.

이촌향도 현상이 심화되면 도시에 사는 인구가 점점 늘어나고 국가의 도시화율은 점점 높아집니다. 그래서 도시화율이 높은 국가는 일반적으로 경제 발전이 잘된 선진국의 형태라고 볼 수 있습니다. 선진국들이 많은 북부 아메리카와 유럽의 도시화율 역시 높은 편입니다.

표를 보면 유럽보다도 도시화율이 높은 대륙이 바로 중·남부 아메리카 지역입니다. 중·남부 아메리카의 도시화율은 80% 이상으로 굉장히 높은 수치를 보여주고 있는데요, 어떻게 중·남부 아메리

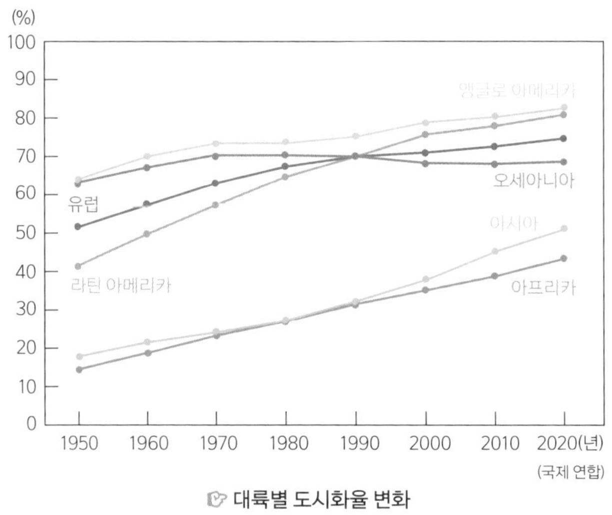

대륙별 도시화율 변화

카의 도시화율이 선진국들이 많은 유럽보다도 높아졌는지 살펴보겠습니다.

유럽에서 아메리카로의 인구 이동은 19세기부터 활발했는데, 초기에 이주자 대부분은 촌락보다 도시에 많이 정착했습니다. 중·남부 아메리카 국가들은 대부분 전통적으로 농산물이나 지하자원을 수출하는 무역 정책을 펼치다가, 1930년대부터 급속한 산업화가 이루어지면서 수입하던 공산품들을 국내에서 직접 생산하려는 정책으로 변화를 시도했습니다.

산업화가 본격화되자 사람들은 농촌에서 도시로 향했습니다. 이렇게 급격한 도시화가 이루어진 결과로 많은 농촌이 몰락했고, 촌락에 남으려던 농민들도 어쩔 수 없이 도시로 이동하기도 했습니다.

도시가 수용할 수 있는 인원은 한정적인데 그 이상의 인구가 몰려오다 보니 도시의 수용 능력이 포화 상태를 넘어 과포화 상태에 이르렀습니다. 이런 상태를 과도시화 현상이라고 부릅니다. 이 과도시화 현상은 많은 문제의 원인이 되었습니다.

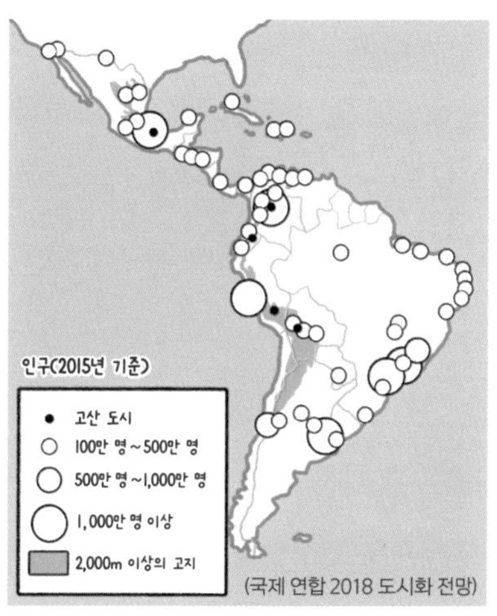

중·남부 아메리카의 도시 분포

도시에서 사람들이 생활하기 위한 기본적인 시설을 사회 간접 자본(SOC)[•]라고 하는데, 중·남부 아메리카 도시들은 사회 간접 자본이 구축되기도 전에 너무 많은 사람이 몰려와서 기본적인 주거환경도 조성되지 못한 채 판자촌이나 허름한 집에 살 수밖에 없었습니다. 이런 주거 지역들을 슬럼[•]이라고 합니다.

특정 지역이 슬럼화되었다는 말은 곧 불량 주거 지역이 형성되었다는 뜻입니다. 이런 지역은 도시의 미관을 해치는 것은 물론 불안한 치안으로 범죄 발생률이 높고, 사회 간접 자본이 부족해 교육도 제대로 이루어지지 않으며 위생 상태도 불량합니다.

뿐만 아니라 인구 분포에서도 문제가 나타나게 됩니다. 유럽에서 온 이주자들이 정착하기 용이하고 지하자원과 공산품의 수출입

• 도로, 가로등, 학교, 병원 등 우리가 일반적으로 사용할 수 있는 시설들을 의미합니다.

• 나라마다 슬럼을 가리키는 명칭이 다릅니다. 브라질에서는 파벨라, 베네수엘라에서는 바리오, 페루에서는 바리아다스라고 부르지요.

이 편리했기 때문에 중·남부 아메리카 도시들은 주로 해안가에 발달했습니다. 이처럼 해안가 도시들에 인구가 집중된 만큼 내륙의 발전도는 해안에 비해 한참 낮은 수준이었지요. 심지어 한 도시에만 사람들이 몰려 나라에서 인구 1위인 도시가 인구 2위 도시의 인구수보다 2배 이상 많은 '종주도시화 현상'이 나타났습니다.

이러한 도시 문제들은 중·남부 아메리카가 해결해야 할 숙제입니다. 그래서 브라질은 내륙 지역을 발달시키기 위해 계획도시 브라질리아를 조성하고 수도를 이곳으로 옮겼습니다. 콜롬비아도 범죄와 슬럼 문제들을 해결하려는 다양한 시도들이 최근 효과를 보고 있다고 합니다.

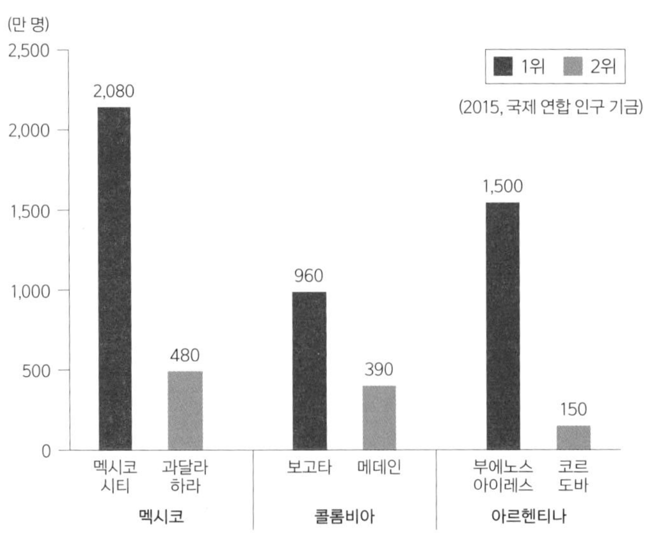

멕시코, 콜롬비아, 아르헨티나의 종주도시화 현상

지구의 허파를 건강하게 하는 먼지가 있다?

아마존과 사하라

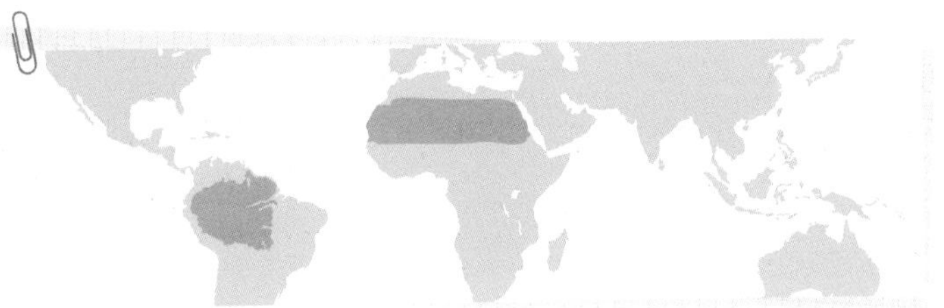

나무가 주는 혜택은 한두 가지가 아닙니다. 공기 정화, 수자원 확보, 생태계 보존 등 셀 수 없이 많은데, 지구 온난화가 날로 심해지는 지금 나무의 중요성은 점점 더 커지고 있습니다. 나무가 모여 만드는 숲의 역할 역시 아무리 강조해도 지나치지 않지요.

중·남부 아메리카에는 '지구의 허파'라고 불리는 엄청나게 넓은 숲 지대가 있습니다. 이곳이 바로 아마존입니다. 아마존은 남아메리카 중심부에 위치한 세계에서 가장 넓은 숲입니다.

아마존의 분포

아마존은 열대 우림 기후가 나타나며 연평균 강수량이 2,000mm

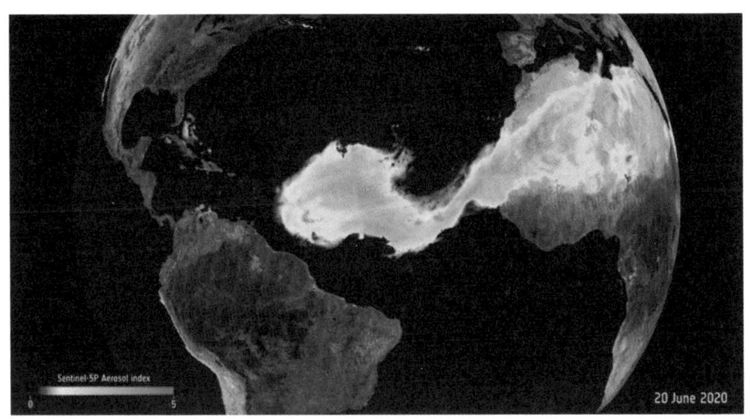

사하라 사막의 모래폭풍

이상인 곳입니다. 이 많은 비가 모여서 세계에서 가장 유량이 풍부한 강이 만들어졌지요. 이 강이 바로 아마존강입니다. 많은 비와 뜨거운 온도는 식물이 자라기에 최적의 조건입니다. 그래서 세계 최대의 숲이 이곳에 만들어지게 되었습니다. 나무와 풀들이 너무나 울창하게 자라 한자 빽빽할 밀(密)을 써서 밀림(密林)이라고 표현하지요.

아마존은 세계 생태계의 보고라고도 불립니다. 생태계 다양성이 압도적이기 때문인데, 한 연구에 따르면 영국 전체에 서식하는 개미 종보다 아마존의 나무 한 그루 주변에 서식하고 있는 개미 종이 훨씬 더 많다고 합니다.

재미있는 점은 비슷한 위도의 열대 기후 지역보다 아마존 지역의 숲이 훨씬 울창하고 토양도 비옥하다는 것입니다. 그 이유를 연구해 보니 아주 놀라운 원인이 밝혀졌습니다. 아마존을 울창한 숲으로 만든 주인공은 바로 사하라 사막이었습니다.

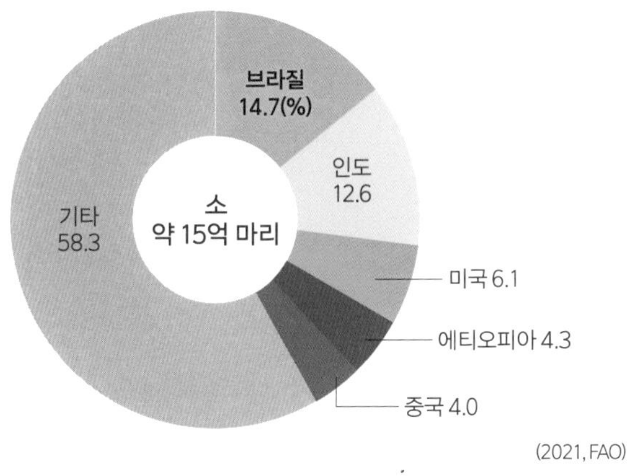

국가별 소 사육 두수 비율

사하라 사막은 많은 모래와 먼지로 뒤덮여 있습니다. 이 중 아주 고운 모래들은 바람에 쉽게 휘날리게 되지요. 식물 성장에 도움이 되는 미네랄이 풍부한 모래 먼지가 사하라 사막에서 아마존까지 부는 무역풍을 타고 드넓은 대서양을 건너 아마존 지역에 도달하고, 그곳의 토양이 울창한 열대 우림이 될 수 있도록 도와준 것입니다.

앞에서 아마존을 지구의 허파라고 부른다고 했지요. 그만큼 어마어마한 산소를 공급하는 것은 물론 지구의 공기를 정화하는 역할을 하고 있습니다. 생태계 다양성도 높아서 수많은 동식물의 터전을 제공하고 있기도 합니다. 하지만 이 아마존의 면적이 계속해서 줄어들고 있습니다.

아마존 지역 대부분은 브라질에 속해 있는데, 브라질은 세계 최대의 소 사육국이기도 합니다. 소를 키우기 위해 방목지를 조성하고 사료를 재배할 경작지를 개척하는 과정에서 아마존 밀림이 엄청난

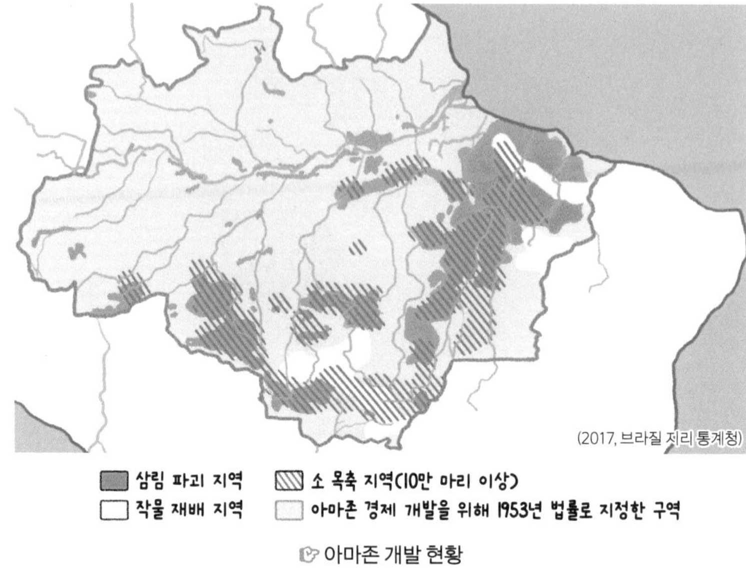

아마존 개발 현황

속도로 줄어들고 있습니다. 또한 아마존 밀림은 열대 우림 기후에서 자란 나무들이 많아 고급 가구의 소재로도 이용되는데, 이 때문에 아마존의 나무가 점점 사라지고 있습니다.

여러 개발로 인해 아마존 밀림이 줄어들면서 지구의 자정 능력이 크게 약화되고 있습니다. 세계는 브라질에 아마존을 파괴하는 개발을 멈추라고 요구하지만, 브라질 입장에서는 개발을 쉽게 멈출 수 없는 실정입니다. 브라질의 발전과 지구 환경이 양립 가능하려면 어떤 방안이 있을까요? 하루빨리 좋은 해결책이 나오길 바랍니다.

대서양과 태평양을 잇는 단 하나의 관문

파나마 운하

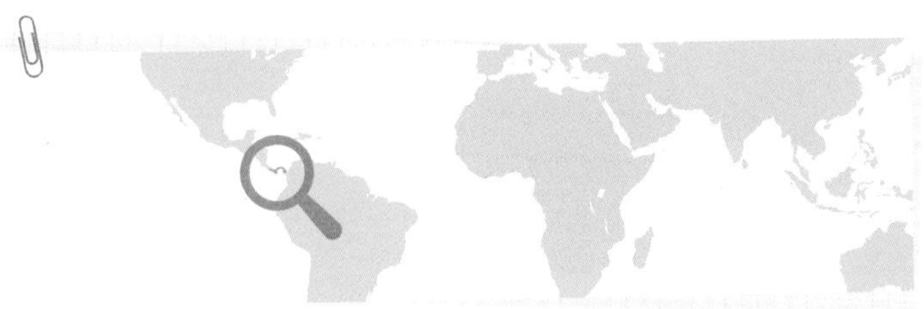

어떤 지점으로 이동할 때 지름길이 있다면 편하고 빠르게 이동을 할 수 있습니다. 지구의 대륙 위치를 살펴보면 지름길이 꼭 있었으면 하는 곳이 몇 군데 있는데요, 그중 하나를 한 번 살펴볼까 합니다.

여러분이 대서양에서 태평양으로 배를 타고 이동한다고 가정해 보겠습니다. 반대로 태평양에서 대서양으로 이동한다고 가정해도 좋습니다. 이 지도에서 가장 빠르게 갈 수 있는 경로는 어디일까요? 태평양과 대서양 사이를 아메리카 대륙이 세로로 꽉 막고 있어서 다른 바다로 넘어가는 방법은 북극을 경유하거나 남극을 경유하는 루트뿐입니다. 하지만 남극과 북극까지 가서 넘어간다면 시간, 비용 손해가 클 뿐만 아니라 위험성도 감수해야 합니다. '다른 방법이 없을까….' 하며 지도를 바라보면 한 곳이 눈에 띕니다.

아주 좁은 땅이 북아메리카와 남아메리카를 이어주고 있는 것

☞ 아메리카 대륙의 파나마 지협

을 볼 수 있습니다. 이런 지형을 지협*이라고 부릅니다. 이 작은 지협을 뚫는다면 대서양과 태평양을 이어주는 매우 편한 지름길이 생기겠지요. 그래서 세계 각국은 이곳에 토목공사를 하기 위해 조사 인원을 파견했습니다.

하지만 생각과 달리 이곳에 지름길, 즉 운하를 짓기란 쉬운 일이 아니었습니다. 지도로 보면 평면적인 모습을 한 곳이지만, 실제로는 신기조산대 일부가 지나는 지역이라 해발 고도가 매우 높았습니다. 다시 말해 단순히 땅을 뚫는 것이 아니라 산을 깎아내야 하는 것이었지요. 그것도 험준한 신기조산대를요! 게다가 이곳은 적도 근처의 열대 기후라는 점도 문제입니다. 열대 기후의 신기조산대에는 밀림이 펼쳐진 정글이 나타납니다. 토목공사를 하기에는 최악의 조건이지요.

이곳에 위치한 국가인 파나마 역시 대규모 토목공사를 감당할 능력이 없었습니다. 그래서 다들 태평양과 대서양을 이어주는 운하가 있었으면 좋겠다는 마음만 굴뚝 같았을 뿐, 선뜻 이곳에 토목공사

* 지협(地峽)은 큰 육지 사이를 잇는 좁고 잘록한 땅을 말합니다. 반대로 바다와 바다를 잇는 좁은 바다는 해협이라고 합니다.

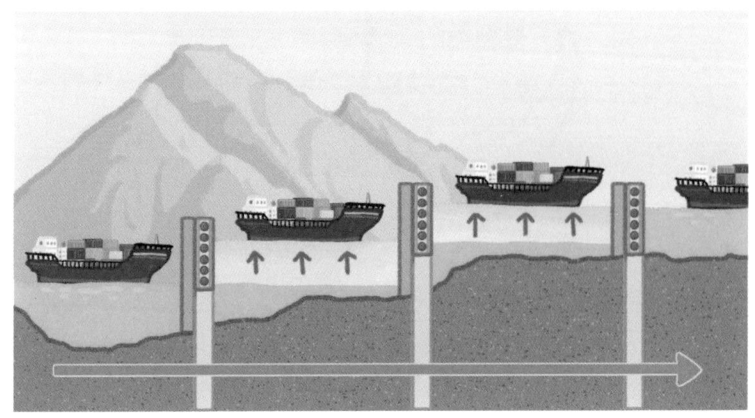

파나마 운하의 원리

를 하려는 나라가 없었습니다.

그러다 마침내 대서양과 태평양을 연결하고 그 혜택을 누리기로 마음먹은 국가가 나타납니다. 바로 미국입니다. 미국은 이곳에 운하를 건설할 토목공사를 진행했습니다. 여기서 놀라운 아이디어가 하나 적용되는데, 바로 계단식으로 운하를 건설하는 것이었습니다. 산을 깎을 수 없으니 운하를 계단처럼 만들어 운용하는 것이었지요. 이렇게 만들어진 운하가 바로 파나마 운하입니다.

하지만 운하 건설 과정에서 악명 높은 열대 기후 환경으로 인해 열사병은 물론 들끓는 해충으로 전염병이 창궐해 많은 인력이 희생되었습니다. 그래서 수많은 희생자를 낳은 토목공사라는 오명도 있었지만, 파나마 운하의 탄생은 물류 분야에서 엄청난 이점을 가져다 주었습니다.

실제로 가야 하는 길을 엄청나게 단축해 주면서 시간과 비용이

파나마 운하가 바꾼 무역로

획기적으로 절약되었습니다. 파나마 운하처럼 좁은 지협을 뚫고 운하를 건설해 물류 혁신을 가져온 사례가 아프리카에도 있습니다. 이는 251쪽에서 더 자세하게 알아보도록 하겠습니다.

우리가 씨 없는 청포도를 먹을 수 있는 이유

칠레의 기후와 지형

여러분이 한 나라의 왕이라면 땅이 어떤 모양이길 바라나요? 기후는 어때야 할까요? 바다는 있는 것이 좋을까요? 국토의 형태와 기후, 바다와의 인접 여부 등은 국가의 발전과 유지를 좌우하는 중요한 요소들입니다.

그래서 보통은 수도나 국가 주요 기관이 국토 중앙에 위치해서 전 지역에 고르게 영향력을 끼치는 형태가 가장 보편적이라고 할 수 있습니다. 하지만 국토 중앙에서 끝자락까지 몇천 킬로미터 이상 이동해야 한다고 하면 국가 통치가 쉽지 않겠지요.

기후 역시 한 국가 내에 사막부터 한대 기후에 이르는 온갖 종류가 나타난다면 농업과 산업 발전이 어려울 것입니다. 그런데 중·남부 아메리카에 이런 나라가 있습니다. 끝에서 끝까지 이동하려면 약 4,000km를 가야 하고, 지역에 따라 건조 기후부터 한대 기후까지

칠레의 위치

극과 극이 동시에 공존하지요. 이 나라가 바로 칠레입니다.

칠레의 국가 모양이 이렇게 세로로 길쭉한 형태가 된 것은 안데스산맥 때문입니다. 높고 험준한 신기조산대인 안데스산맥이 남아메리카를 세로로 관통하고 있어서 이 산맥을 기준으로 자연스럽게 국가의 경계가 형성된 것이지요.

세로로 긴 나라인 만큼 기후도 다양합니다. 칠레 북쪽은 세계에서 가장 건조한 사막인 아타카마 사막이 있고, 칠레 중앙부는 남부 유럽의 지중해성 기후, 칠레 남쪽은 북서부 유럽과 비슷한 서안 해양성 기후, 최남단 일부 지역에서는 툰드라 기후까지 나타납니다. 대도시나 산업이 발달한 곳은 사람이 살기 좋은 지중해성 기후와 서안 해양성 기후 지역에 집중되어 있지요.

칠레는 안데스산맥을 끼고 있어서 지하자원 매장량은 많지만 이를 활용한 제조업 발달이 미약했습니다. 그래서 풍부한 자원을 바탕으로 다른 국가들과 활발하게 교류하고자 했지요. 칠레의 지중해성 기후인 지역에서는 수목 농업이 발달했고, 이곳에서 재배한 농산물들을 무역에 적극적으로 활용했습니다.

그 결과 중 하나로 칠레는 2004년 우리나라와 자유무역협정(FTA)을 체결해서 우리나라가 만든 공산품을 칠레에 수출하고, 칠레는 자원과 농산품을 우리나라에 공급하기로 했습니다.● 우리가 과일가게에서 볼 수 있는 씨 없는 청포도는 칠레에서 대부분 수입하고 있습니다. FTA를 체결한 덕분에 저렴한 가격으로 먹을 수 있게 되었지요.

● 우리나라가 FTA를 맺은 첫 나라가 바로 칠레입니다.

바람 때문에 사막이 생긴다?

파타고니아 사막과 푄 현상

바람이 불다가 높은 산을 만나면 어떻게 될까요? 바람은 산을 타고 올라가 산 건너편으로 이동할 것입니다. 산을 타고 넘어갈 때 바람의 성질이 변화하는데, 이것을 푄 현상이라고 합니다. 앞에서 아타카마 사막이 비그늘 지역이라고 했었지요? 더 자세하게 알아보도록 하겠습니다.

바람이 산과 부딪히는 쪽을 바람받이 사면이라고 부릅니다. 바람을 받아들이는 사면이라고 해서 이런 이름이 붙었지요. 바람이 바람받이 사면을 타고 올라가면서 고도가 높아지고, 그만큼 기온은 낮아집니다.

그러면 구름의 고도가 서서히 올라가면서 응결고도에 이르게 됩니다. 응결고도란 구름(수증기)이 비(액체)로 바뀌는 높이를 의미합니다. 즉 바람이 머금고 있던 수증기가 비가 되어 내리면서 계속 올

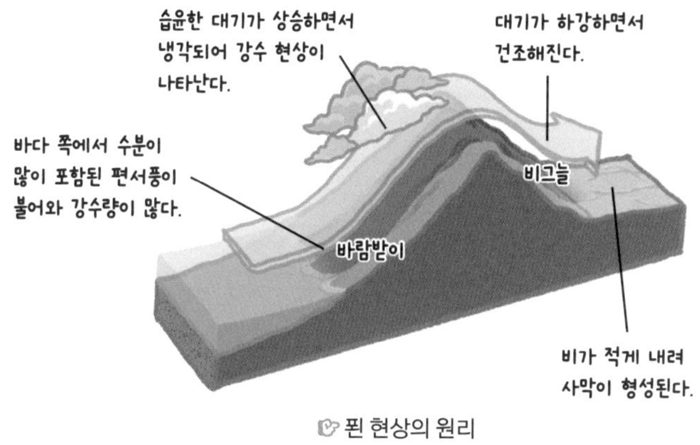
습윤한 대기가 상승하면서
냉각되어 강수 현상이
나타난다.
대기가 하강하면서
건조해진다.
바다 쪽에서 수분이
많이 포함된 편서풍이
불어와 강수량이 많다.
비그늘
바람받이
비가 적게 내려
사막이 형성된다.

푄 현상의 원리

라가는 것이지요.

산 정상에 도달한 바람은 다시 반대편 사면으로 내려가게 됩니다. 고도가 올라갈수록 기온이 낮아졌으니까, 반대로 고도가 낮아질수록 기온은 올라가겠지요? 이때 바람이 처음 산을 넘기 전 온도와 산을 넘어간 후의 온도가 다릅니다.

산을 넘어온 바람은 수증기를 이미 비로 다 뿌린 상태여서 수분이 없는 건조한 상태이고 기온은 높아지기 때문에 고온 건조한 바람이 됩니다. 그래서 바람받이 사면 뒤편은 비가 내릴 확률이 매우 낮아 비그늘 사면이라고 부릅니다.

정리하면, 바람이 산을 만나면 바람받이 사면에 비를 내립니다. 그리고 산을 넘어가 비그늘 사면에서는 바람이 고온 건조해집니다. 이것을 푄 현상이라고 부릅니다. 푄 현상은 우리나라에서도 발생하곤 합니다. 늦봄~초여름 태백산맥에 높새바람이라고 불리는 북동풍이 불면, 산맥을 넘은 바람이 고온 건조해져 영서 지방에 피해를 주는

데 이 원인이 바로 푄 현상입니다.

우리나라에서는 푄 현상이 특정 계절에 나타나지만, 1년 내내 지속적으로 같은 곳에서 바람이 불어온다면 푄 현상이 항상 일어나는 상태가 됩니다. 따라서 이 지역의 바람받이 사면에는 비가 늘 많이 오고 비그늘 사면에는 늘 건조한 상태가 이어지겠지요. 그러면 비그늘 사면 지역은 사막이 됩니다. 이렇게 형성된 사막이 바로 남아메리카의 파타고니아 사막입니다.

파타고니아 사막

중위도 지역에는 1년 내내 서쪽에서 편서풍이 불어옵니다. 남아메리카의 중위도 지역에도 이 편서풍이 1년 내내 불고 있습니다. 편서풍이 안데스산맥을 만나 산을 타고 넘어가면 푄 현상이 계속해서 일어납니다. 그래서 안데스산맥의 동쪽 사면 지역은 푄 현상으로 인해 고온 건조한 바람이 계속해서 불어오고 수증기가 도달하지 못해 비가 내리지 않습니다. 따라서 이 지역이 사막으로 변하게 되는 것이죠. 이 파타고니아 사막은 아르헨티나의 대부분 지역을 차지하고 있습니다. 그래서 이 사막 주변의 스텝 기후 지역은 넓고 건조한 평원 지역이 되어 대규모의 밀농사 지대와 방목지로 활용되고 있습니다.

우리끼리 다 함께 힘을 합쳐보자! 남아메리카 공동시장

유럽에 있는 국가들이 하나로 모여 정치·경제 연합인 EU(유럽연합)를 만들었던 것 기억하고 있나요? 지리적으로 인접한 국가들끼리 힘을 합치면 세계적인 영향력을 많이 발휘할 수 있습니다. 유럽연합과 비슷하게 북아메리카에 있는 국가들은 NAFTA(북미자유무역협정), 동남아시아에 있는 국가들은 ASEAN(동남아국가연합)을 만들어 영향력을 키우고 있지요.

남아메리카에 있는 국가들도 서로 힘을 합쳐 경제 블록을 만들었습니다. 바로 MERCOSUR(남아메리카 공동시장)입니다. 남아메리카의 아르헨티나, 브라질, 파라과이, 우루과이 4개국•이 연합의 필요성을 느끼고 동일한 관세 체제와 회원국 사이의 무관세 무역을 시행하기 위해 만든 경제 연합입니다.

이후로도 많은 국가의 참여를 유도하면서 세계적인 영향력을 키우기 위해 노력하고 있습니다. 현재 정회원국은 처음 설립국인 4개국으로 이루어져 있고, 다른 남아메리카 국가들은 준회원국 또는 참관국으로 참여하고 있습니다.

경제 통합은 4단계로 이루어집니다. 남아메리카 공동시장은 '공동시장'이라는 이름 때문에 경제 통합 단계 중 3단계인 공동시

• 베네수엘라도 정회원국이었으나 2016년 12월부터 자격이 정지된 상태입니다.

장 단계인 것 같지만, 실질적으로는 2단계인 관세 동맹 단계에 머물러 있습니다.[*]

남아메리카 공동시장에 참여하고 있는 국가들의 인구는 약 3억 명에 육박합니다. 막대한 에너지 자원을 가지고 있고 세계에서 다섯 번째로 큰 경제 블록이며, 세계에서 가장 큰 생물 다양성 보호 구역을 보유하고 있습니다. 이렇게 잠재력이 높은 만큼 남아메리카 공동시장에 대한 세계적인 관심이 큽니다.

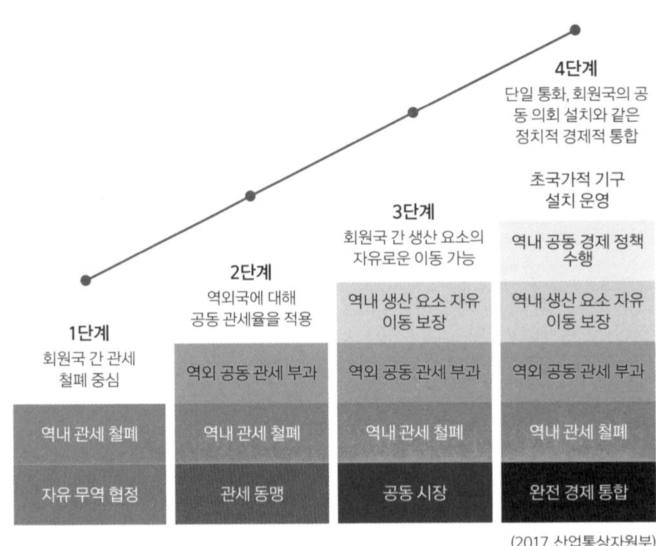

☞ 경제 통합 단계

● 이름에서 혼동을 주기 때문에 중고등학교의 시험문제로 자주 나오는 단골 주제입니다.

5장

아프리카

인류가 넘을 수 없었던 거대한 장벽

사하라 사막

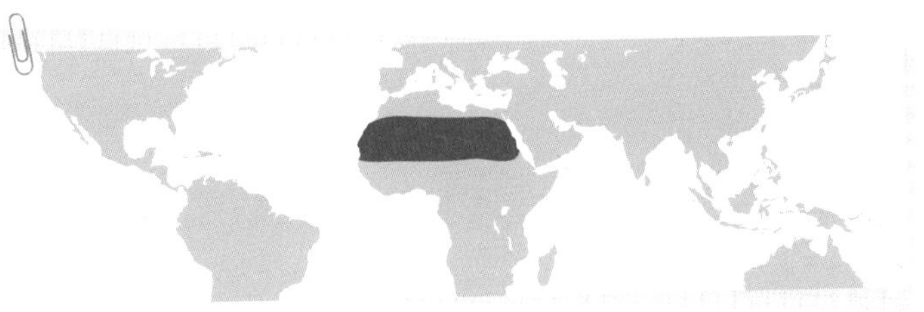

사막이라는 단어를 들으면 모래가 휘날리는 누런 빛의 모래사막이 가장 먼저 떠오를 것입니다. 이런 모래사막*의 대표가 바로 사하라 사막입니다. 사하라 사막이 어떻게 형성되었고 인간에게 어떤 영향을 미쳤는지 살펴보겠습니다.

233쪽 아프리카 위성 사진에서 노란색으로 보이는 지역이 모두 사막입니다. 특히 아프리카 대륙 북반구 지역에서 넓게 펼쳐진 노란 지역을 사하라 사막이라고 합니다. 사하라 사막은 지구에서 가장 거대한 사막입니다. 이렇게 거대한 사막은 어떻게 만들어진 걸까요?

따뜻한 공기는 위로 올라가려 하고 차가운 공기는 아래로 내려

* 사실 사막의 대부분은 모래가 아닌 자갈, 암석으로 이루어져 있습니다. 우리가 알고 있는 모래사막의 모습은 전 세계 사막의 20%도 되지 않습니다. 사하라 사막 역시 모래사막인 곳의 비율은 실제로 매우 적습니다.

가려는 성질이 있습니다. 지구는 적도 부근이 가장 따뜻하고 극지방이 가장 춥지요. 따라서 적도의 공기는 하늘로 상승하고 극지방의 공기는 하강합니다. 이로 인해 적도에서는 상승 기류가, 극지방에서는 하강 기류가 발생합니다.

아프리카 위성 사진

적도에서 상승한 공기는 고위도 지역으로 올라간 다음, 위도 약 30° 부근에서 하강합니다. 이 하강한 공기는 지표와 부딪히면서 각각 저위도와 고위도로 이동합니다. 한편 극지방에서 하강한 공기 역시 지표와 부딪히면서 저위도로 내려옵니다. 위도 약 30° 부근에서 하강해 지표에서 고위도로 향하는 공기는 극지방에서 지표와 부딪혀 저위도로 내려오는 공기와 만나 위도 약 60° 부근에서 상승 기류를 만듭니다. 이렇게 적도에서 뜨거운 공기의 상승, 극지방에서 차가운 공기의 하강으로 지구 전체를 순환하

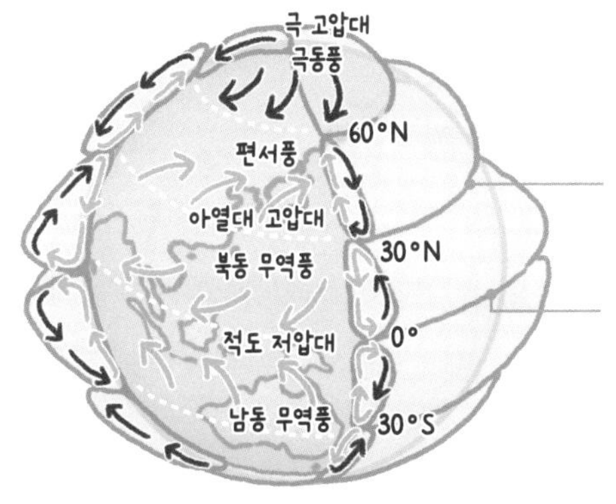

대기 대순환

는 공기 시스템이 만들어지게 됩니다. 이것이 대기 대순환입니다.

상승 기류는 지표를 누르는 공기의 압력(기압)이 약하기 때문에 저기압이라고 부르고, 하강 기류는 지표를 누르는 공기의 압력(기압)이 강하기 때문에 고기압이라고 합니다. 따뜻한 공기가 상승하면 고도가 높아져 기온이 내려가고, 구름이 형성되어 비를 내리기 때문에 상승 기류가 잘 생기는 저기압에서는 비가 많이 내립니다.

반대로 하강 기류 지역에서는 공기가 상승하기 어려워 비가 잘 내리지 않습니다. 즉 고기압 지역에서는 비가 내리기 어렵다는 뜻입니다. 기상 캐스터의 예보를 잘 들어보면 "오늘은 고기압의 영향을 받아 날씨가 맑겠습니다."라고 자주 말하곤 합니다. 간단히 고기압은 맑은 날씨, 저기압은 흐린(비가 오는) 날씨라고 생각하면 됩니다.

다시 대기 대순환으로 돌아가 보겠습니다. 위도 30° 부근에서 공기가 하강한다고 했는데, 이때 하강하는 공기는 매우 강하기 때문에 위도 30° 부근은 비가 잘 내리지 않는 고기압 영향권에 들어가게 됩니다. 이 위도 30° 지역의 고기압을 아열대 위도에서 형성된 고기압이라 해서 아열대 고기압이라고 부릅니다.

아열대 고기압이 이 위도 30° 부근에 비를 내리지 못하게 하다 보니 자연스럽게 이 위도 30° 부근 지역은 사막이 되었습니다.● 그리고 이 위도 30°가 지나는 곳 중 육지 면적이 가장 넓은 아프리카의 사하라 사막 지역이 지구에서 가장 넓은 사막이 된 것입니다.

● 유라시아 대륙의 내륙 지역(중국, 몽골, 중앙아시아 일대)과 남아메리카의 일부 지역(파타고니아 일대)를 제외하고는 모든 사막이 이 아열대 고압대의 영향을 받았습니다.

사하라 사막의 넓이는 상상을 초월할 정도로 넓습니다. 과학 기술이 발달한 지금도 이곳에 거주하는 것은 물론 사하라 사막을 횡단하는 것조차 결코 쉽지 않습니다. 세찬 모래바람이 끊임없이 불고, 낮에는 40℃에 육박하는 더위가 나타나는 반면 밤에는 쌀쌀함을 느낄 정도로 온도가 내려가 일교차가 매우 큽니다. 인간이 생활하기에는 매우 어려운 환경이라고 할 수 있지요.

그러니 과학 기술이 발달하기 전인 옛날에는 이곳이 훨씬 더 큰 장애물이었겠지요? 그래서 사하라 사막은 '천연 장벽'이라고 불리며 아프리카 북부와 중·남부 지역을 나누는 자연적·문화적 경계 역할을 해왔습니다.

예를 들어 아라비아반도와 북부 아프리카 지역은 지리적으로 가깝고 기후도 비슷해서 교류가 활발했습니다. 하지만 사하라 사막 이남 지역은 기후가 다른 것은 물론 사막이라는 지형적 환경의 영향으로 쉽게 넘어갈 수 없었습니다. 그래서 이 지역으로는 아라비아의 문화적 영향력이 크게 전파되지 못했지요.

그 결과 북부 아프리카 지역은 아라비아의 영향을 많이 받아 이슬람 문화권 지역이 되었고, 중·남부 아프리카 지역은 계속해서 이어진 토속신앙 문화 또는 유럽 식민 지배의 영향을 받은 크리스트교 문화권 지역이 많습니다. 중·남부 아프리카는 험난한 사하라 사막과 열대 우림, 지형적 요인으로 인한 항해의 어려움 등으로 사실상 문명의 혜택을 가장 늦게 받은 셈입니다. 그래서 북부 아프리카와 중·남부 아프리카는 문화적으로 굉장히 많은 차이를 보입니다.

인간에게는 사하라 사막이 장벽 역할을 했지만, 사하라 사막의 고운 모래가 무역풍에 의해 날아가 아마존 열대 우림을 만들어주기도 했고, 천연자원이 굉장히 많이 묻힌 곳이기도 합니다. 그래서 인류는 천연자원의 보고로 주목받는 사하라 사막의 개발을 서두르고 있지요. 하지만 이 개발은 사하라 주변 지역까지 급속도로 사막화하는 결과를 낳기도 했습니다.

최악의 환경 문제, 사막화

사헬지대와 분쟁·그레이트 그린 월

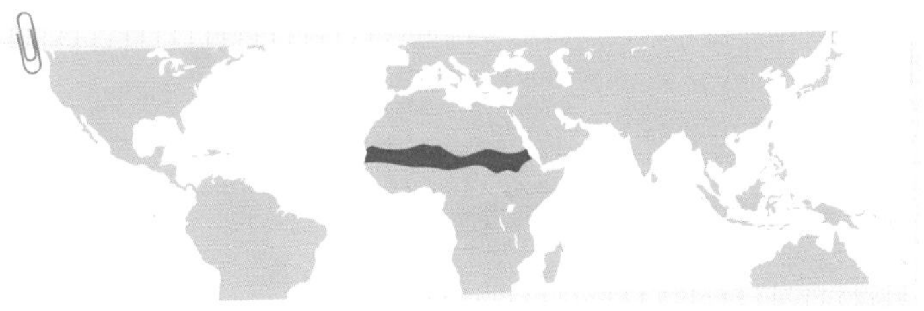

일반적으로 사막 주변 지역은 스텝 기후에 속합니다. 사막 기후(BW)는 쾨펜의 기후 구분을 기준으로 연평균 강수량이 250mm 미만인데, 스텝 기후(BS)는 연평균 강수량이 250~500mm 정도입니다. 연평균 강수량 500mm가 넘으면 나무가 자랄 수 있는 수목 기후가 나타납니다.

따라서 스텝 기후 지역에서는 나무를 보기 어렵습니다. 하지만 사막보다는 강수량이 높기 때문에 키가 작은 풀들이 자라납니다. 이런 환경에서 자란 풀들을 스텝(Steppe)이라고 부릅니다. 스텝 기후라는 이름도 여기에서 왔습니다. 이 스텝들은 건조 기후에서 잘 견디는 양이나 염소 같은 가축들의 먹이가 되기 때문에 이곳에서는 유목(목축)이 많이 이루어졌습니다.

옛날에는 유목을 하더라도 그동안 다시 풀이 자라나 유목을 지

(2016, 〈구드 세계 지도〉)

☞ 사헬 지대와 사막화 위험 지역

속할 수 있었습니다. 그러나 과학 기술이 발달하고 인구가 폭발적으로 늘어나면서 사람들은 식량을 확보하기 위해 더욱 빠르게 유목을 해야만 했고, 풀이 다시 자랄 시간도 없이 소비하다 보니 결국 원래 유목하던 곳에는 풀이 더 이상 자라지 않게 되었습니다.

풀이 사라지자 유목민들은 다시 풀이 있는 곳으로 이동했습니다. 하지만 새로운 곳 역시 이내 풀이 자라지 않는 황폐한 땅으로 변했지요. 원래 스텝 기후 지역에서는 사막 기후 지역과 차별화되는 초원의 경관을 볼 수 있었는데, 풀들이 사라지면서 사막과 다를 것 없는 경관으로 변해갔습니다. 이것이 바로 사막화입니다.

물론 유목이 사막화에 큰 영향을 끼치긴 했지만, 유목만이 사막화를 만드는 것은 아닙니다. 과학 기술이 발달하고 인구가 증가하면서 유목을 하지 않고 정착해 생활하는 사람도 많아졌습니다. 정착을 했으니 목축 대신 농경을 해야 하고, 그러려면 가장 필요한 것은 물,

즉 수자원이겠지요.

하지만 이곳은 건조 기후 지역이라 물을 구하기가 쉽지 않았습니다. 그래서 외래하천•에서 물을 끌어오거나 오아시스 또는 지하수를 끌어왔습니다. 하지만 인류가 점점 번성하자 지하수가 채워지는 속도보다 소비되는 속도가 더 빨라졌고, 오아시스나 호수의 물도 말라가면서 사용할 물이 급격하게 줄어들었습니다. 물이 없어지니 땅의 수분 역시 사라져 토양이 더욱 건조해졌지요. 그럼 이곳도 사막과 같은 땅으로 변하는 사막화가 일어납니다.

인간이 물을 사용한 만큼 비가 내려서 물이 다시 채워진다면 참 좋겠지만, 지구 온난화 등의 이유로 이상 기후는 점점 심해지고 사막 주변 스텝 기후 지역에서는 지속적인 가뭄이 발생하고 있습니다. 인위적 요인과 자연적 요인이 동시에 작용하면서 사막화되는 지역이 점점 많아지고 있는 것이지요.

사하라 사막 남쪽의 스텝 기후 지역들도 지금 심각한 사막화를 겪고 있습니다. 이곳을 사헬 지대라고 부릅니다.

사막화는 전 세계에서 광범위하게 일어나고 있는 현상이기 때문에 한두 나라만으로는 해결할 수 없는 환경 문제입니다. 그래서 전 세계가 함께 사막화를 해결하기 위해 사막화 방지 협약을 체결했습니다.

더불어 사막화가 가장 심각한 사헬 지대에 속한 국가들은 대규

• 건조 기후가 아닌 곳에서 발원하여 건조 기후를 지나는 하천을 의미합니다. 대표적인 하천으로 나일강이 있습니다.

☞ 그레이트 그린 월 프로젝트

모 프로젝트를 진행하고 있는데, 이것이 바로 그레이트 그린 월(Great Green Wall) 프로젝트입니다. 사헬 지대를 관통하는 곳에 나무를 심어서 거대한 녹색 장벽을 만들어 식생을 회복하고 사막화를 막고자 노력하고 있습니다.

아프리카가 둘로 쪼개진다고?

동아프리카 지구대

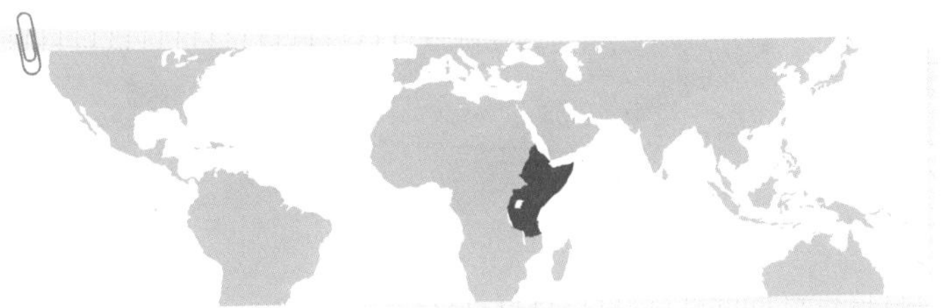

홍해와 아프리카의 주요 호수들

아프리카 북동부에 있는 길쭉한 바다를 홍해라고 부릅니다. 아프리카 지도를 보면 홍해는 물론 내륙의 호수들도 대부분 길쭉한 모양으로 형성된 모습을 볼 수 있습니다. 이곳의 바다와 호수는 왜 이렇게 길쭉한 모양을 하고 있을까요?

그 이유는 바로 판구조 운동 때문입니다. 아프리카판이 판구조 운동에 의해 둘로 쪼개지고 있기 때문에 길쭉한 바다와 호수들이 형성된 것이지요. 홍해의 양쪽 해안선을 맞대보면 아라비아반도와 아프리카가 원래는 붙어 있었다가 쪼개졌다는 사실을 알 수 있습니다.

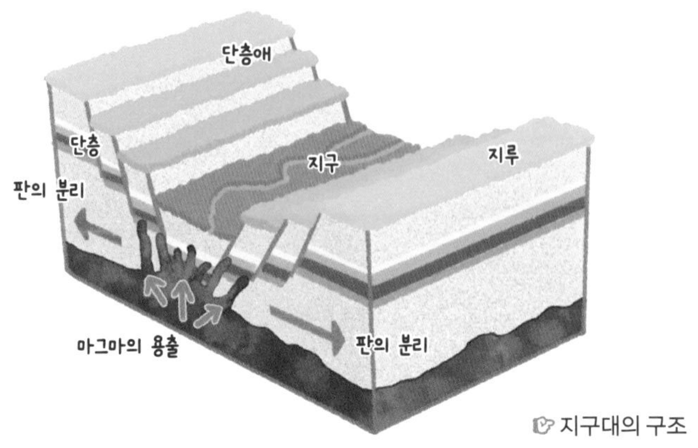

☞ 지구대의 구조

호수가 있는 지역은 동아프리카 쪽에서 갈라지고 있는 곳이라 해서 동아프리카지구대(열곡대)라고 부릅니다. 지구대란 지각운동의 일종인 단층운동으로 인해 절벽으로 둘러싸인 요철(凹凸) 형태의 좁고 긴 골짜기를 의미합니다. 이곳은 새로운 지각이 생겨나면서 점점 좌우로 벌어지고 있습니다. 먼 훗날에는 아프리카가 이곳을 경계로 둘로 쪼개질 것입니다.

이 과정에서 갈라진 땅 사이로 물이 고여 호수가 생기기도 합니다. 이 호수가 바로 길쭉한 모양으로 형성되는 단층호입니다. 호수 이외에 높은 산이 형성되기도 하는데, 유명한 킬리만자로산이 대표적으로 이 지각운동에 의해 형성된 산입니다.

지각운동이 활발한 만큼 지진과 화산이 자주 일어나는 곳이기도 합니다. 2021년에 콩고민주공화국에서 큰 화산 폭발이 있었는데, 이 폭발 역시 동아프리카지구대의 지각운동으로 인해 일어난 현상이었습니다.

동물의 왕국
사바나

세렝게티와 마사이마라

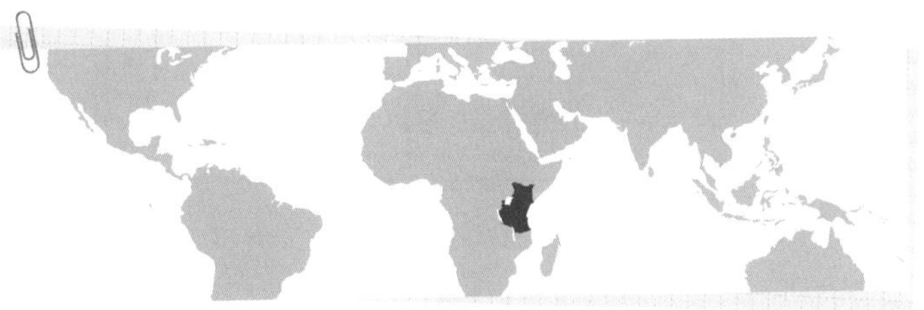

TV에서 야생 동물의 모습을 보여줄 때 흔히 "동물의 왕국 사바나에서는~"이라는 표현을 많이 사용합니다. 유명한 영화 〈라이언 킹〉의 배경도 이 사바나입니다. 사자 왕이 사는 동물의 왕국, 사바나는 어떤 곳일까요?

사바나는 열대 초원 지역으로 열대 기후와 건조 기후 중간쯤인 기후인데, 이 기후를 열대 사바나 기후라고 부릅니다. 앞에서 대기 대순환으로 형성되는 아열대 고압대가 사막을 만든다고 했던 내용을 기억하나요?

지구가 23.5° 기울어져 있기 때문에 아열대 고압대는 계절에 따라 남북으로 조금씩 움직입니다. 그래서 열대 기후와 건조 기후 사이에 있는 사바나는 위치에 따라 아열대 고압대의 영향을 많이 받을 때는 건기가 나타나고, 아열대 고압대의 영향을 적게 받을 때는 우기

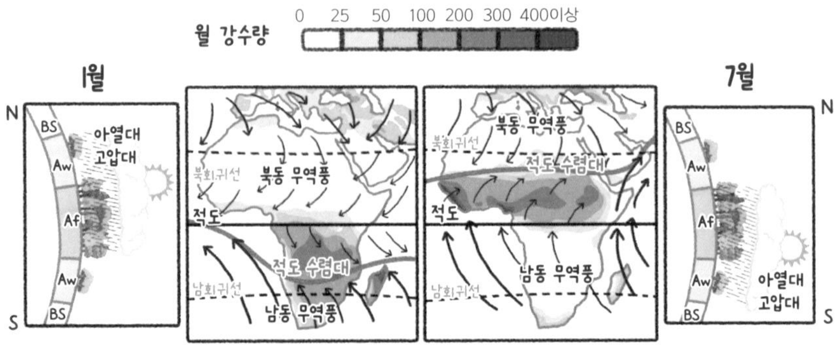

적도 수렴대 이동에 따른 아열대 고압대의 이동

가 나타납니다.

앞에서 설명했듯이 열대 기후는 최한월 평균 기온이 18℃를 넘는 기후입니다. 아무리 추워도 평균 기온이 18℃ 밑으로 내려가는 달은 없다는 뜻이지요. 그래서 1년 내내 따뜻한 이곳은 다양한 동식물이 살아가기에 적합합니다.

열대 기후를 세분화하면 1년 내내 비가 많이 내려 연평균 강수량이 2,000mm를 넘는 기후는 열대 우림 기후이고, 겨울에 건기가 있는 기후는 열대 사바나 기후입니다. 열대 우림 기후에서는 말 그대로 울창한 열대 우림을 볼 수 있고, 열대 사바나에서는 우기에 푸른 초원과 울창하게 우거진 숲을, 건기가 되면 바싹 마른 초원의 모습을 볼 수 있습니다.

열대 기후에 사는 동물들은 먹을 것이 줄어드는 건기를 피해 비가 오는 곳으로 대이동을 하곤 합니다. 건기가 오면 열대 우림 지역으로 이동해서 먹이를 찾고, 다시 우기가 오면 사바나 쪽으로 이동하

세렝게티 사파리 관광

는 것이지요.

이를 활용해 관광 상품을 개발한 나라가 바로 케냐와 탄자니아입니다. 케냐의 마사이마라 국립공원, 탄자니아의 세렝게티 국립공원은 사바나를 활용한 대표적인 국립공원입니다. 공원 일대를 차로 이동하면서 야생 동물들의 삶을 관찰하는 것이 그 유명한 사파리 관광이지요.

마사이마라와 세렝게티 국립공원에서 가장 큰 볼거리는 건기에서 우기로 넘어가는 장면이라고 합니다. 바싹 말라 누렇게 변한 초원이 우기의 비를 만나는 순간 곧바로 초록색 초원으로 변하는 광경은 자연의 신비를 느낄 수 있는 엄청난 경험이라고 하네요.

커피의 기원

에티오피아

모카 커피의 기원

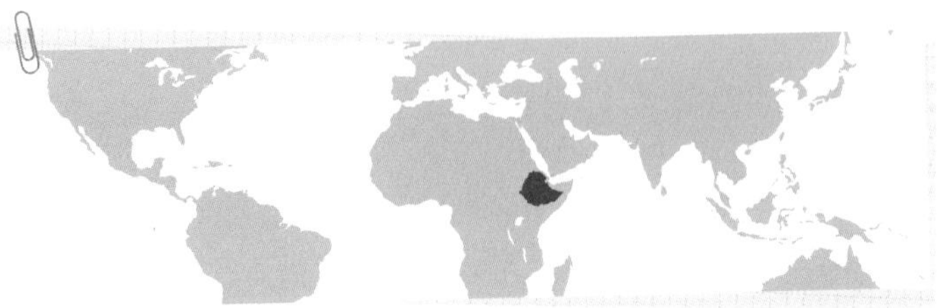

우리나라는 1인당 커피 소비량이 연간 353잔으로 전 세계 평균보다 약 2.7배 많습니다. 그만큼 커피가 우리 일상에 깊숙이 들어와 있다는 뜻이겠지요. 커피를 맨 처음 재배한 원산지는 열대 사바나 기후 지역인 아프리카의 에티오피아입니다.

그러면 에티오피아에서 처음 재배된 커피가 어떻게 세계에서 가장 많이 팔리는 기호 식품이 되었을까요? 여기에는 이슬람인들이 큰 영향을 미쳤습니다.

에티오피아에서 처음 재배된 커피는 예멘으로 전파되었습니다. 그리고 예멘의 모카 항구에서 다른 곳들로 커피가 활발하게 수출되었지요. 이때 모카에서 수출된 커피가 현재 카페모카와 같은 모카 커피의 어원이 됩니다.

예멘이 속한 아라비아반도는 이슬람교를 주로 믿습니다. 이슬람

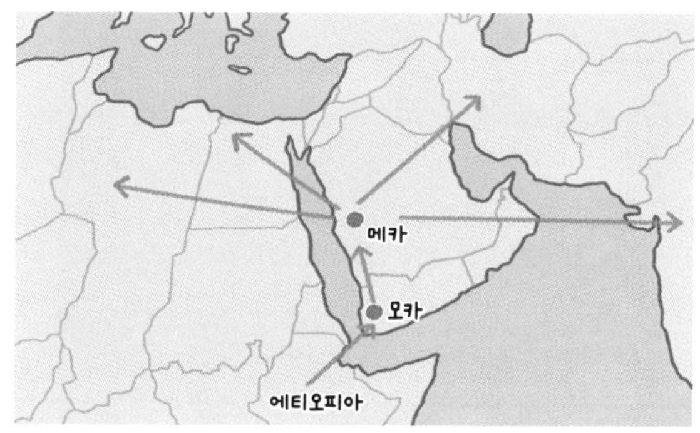

커피의 확산 경로

교의 5대 의무 중 하나는 바로 이슬람교의 성지인 메카로 성지 순례를 가는 것인데요, 예멘 사람들이 메카로 성지 순례를 떠나는 과정에서 다른 무슬림들에게도 커피가 알려졌습니다.

사람들이 커피를 마시는 이유는 다양하지만, 가장 큰 이유가 바로 각성 효과일 것입니다. 커피의 각성 효과로 신에게 더 많은 기도를 드릴 수 있게 된 무슬림들에게 커피는 중요한 기호 식품으로 자리매김했습니다.

이렇게 이슬람인들 사이에서만 유행하던 커피가 유럽에 전파된 결정적 계기는 바로 십자군 전쟁입니다. 유럽인들이 중동 지역으로 십자군 원정을 오면서 커피의 존재를 알게 되었고, 커피의 맛과 각성 효과 등이 유럽인들 사이에서도 널리 퍼졌습니다.

그러자 이슬람인들은 커피를 대량으로 유럽에 팔면 엄청난 이익이 될 것이라 생각했습니다. 하지만 문제가 발생합니다. 바로 커피가 자라는 기후 환경과 유럽의 기후 환경이 완전히 달라 커피가 금방 상한다는 것이었지요.

커피를 마시는 이슬람인들

고민하던 이슬람 상인들은 커피가 상하지 않도록 불에 볶아서 수출하기로 합니다. 이것이 바로 로스팅입니다. 이렇게 유럽으로 퍼진 커피는 이탈리아에서 크게 유행하게 되는데요, 우리가 아는 마키아토(얼룩지다 또는 점을 찍는다는 뜻), 라떼(우유), 카푸치노(프란체스코 수도회의 일파인 카푸친회에서 유래한 이름) 등 커피 관련 단어들은 대부분 이탈리아에서 온 말입니다.

그러나 커피 산지와 유럽의 기후가 매우 달랐기 때문에 커피를 대량으로 확보하는 데는 어려움이 있었습니다. 그래서 유럽은 제국주의 시절부터 식민지에 대량의 자본과 기술을 제공하고 그 식민지에 사는 원주민의 노동력을 쓰는 농업 방식인 플랜테이션으로 커피를 대량 재배했습니다. 현재 커피를 많이 재배하는 곳은 모두 과거 유럽의 식민지 시절 플랜테이션이 발달했던 나라들입니다.

카카오, 고무, 커피…
플랜테이션의 빛과 그림자

불공정 무역

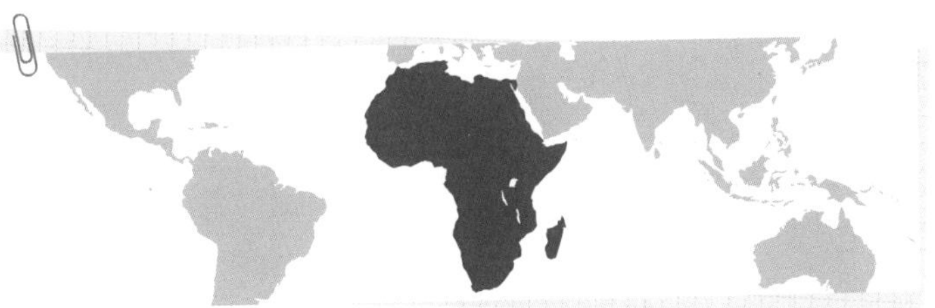

상품 작물•을 대량으로 재배하는 농업을 플랜테이션이라고 합니다. 특히 선진국의 자본 기술과 아프리카의 넓은 토지, 저렴한 노동력이 결합해 대규모 상품 작물을 재배한다는 것이 큰 특징인데요, 최근에는 플랜테이션이 악순환을 불러일으킨다는 비판이 많습니다.

아프리카의 인구 증가율은 현재 전 세계에서 가장 높습니다. 사람이 많기 때문에 그만큼 많은 식량 작물•이 필요합니다. 그럼 식량 작물을 많이 재배해야겠지요. 아프리카는 식량 작물을 많이 생산하고는 있지만, 정작 자신들이 먹을 식량 작물의 생산량은 많지 않습니

• 재배하여 직접 소비하는 자급자족의 성격이 아닌, 내다 팔기 위한 작물을 상품 작물이라고 합니다. 대표적으로 커피와 같은 기호 식품이 있습니다.

• 인간 삶에 꼭 필요한 식량을 의미합니다. 대표적으로 쌀, 밀, 옥수수를 3대 식량 작물이라고 표현합니다.

다. 그 대신 다른 나라로 수출할 작물을 재배하고 있지요. 당장 먹을 것이 필요한데 왜 식량 작물 대신 판매할 상품 작물을 재배하고 있는 것일까요?

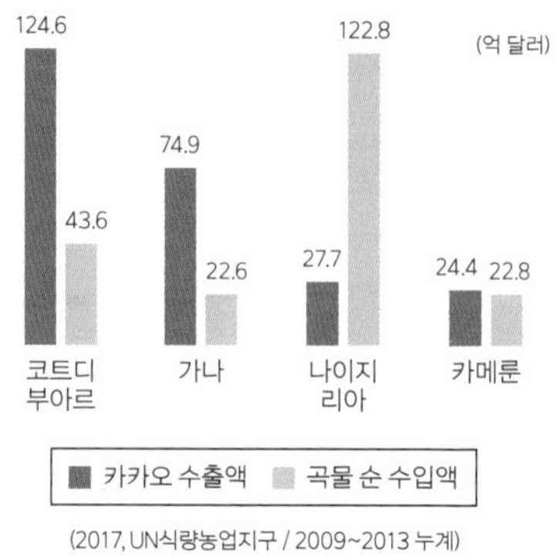

사하라 이남 주요 국가의 카카오 수출액과 곡물 수입액

쌀, 밀, 옥수수는 다른 아시아와 아메리카 대륙에서도 대량 생산되기 때문에 아프리카에서 생산·판매해도 수익성이 낮습니다. 하지만 아프리카의 기후 환경을 이용한 상품 작물은 다른 대륙에서 잘 자라지 않는 것들이 많아 수익성이 매우 높습니다.

물론 자국민들의 식량 작물을 많이 재배해서 자급자족하는 것도 좋겠지만, 상품 작물을 재배해서 팔고 그 수익으로 다른 대륙에서 저렴하게 식량 작물을 수입하는 것이 오히려 더 유리한 상황입니다. 그래서 아프리카는 식량 작물이 굉장히 많이 필요한 상황이지만 정작 식량 작물보다는 상품 작물을 주로 재배할 수밖에 없는 환경이 되었습니다.

그런데 아프리카 국가 대부분은 현재 내전과 분쟁이 많이 발생하고 있습니다. 그래서 수출로 인해 벌어들인 외화는 식량 작물을 수입하기보다 무기를 사는 데 쓰이거나, 독재자의 손으로 흘러가는 등 소수가 독점하고 있는 상황이지요. 이로 인해 아프리카에는 아직도 식량 자원이 절대적으로 부족합니다.

이집트에 내려진 축복

나일강과 수에즈 운하

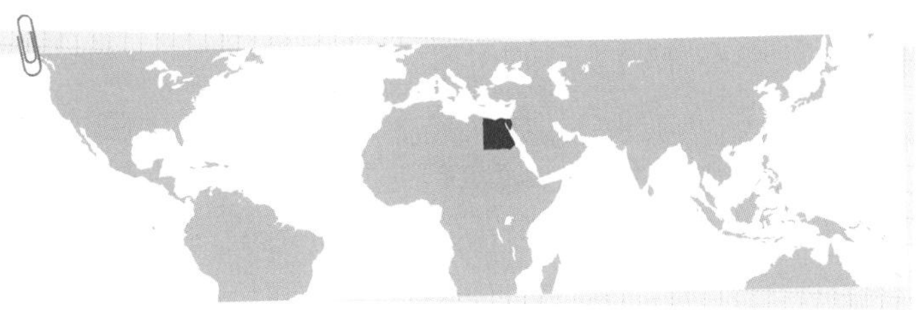

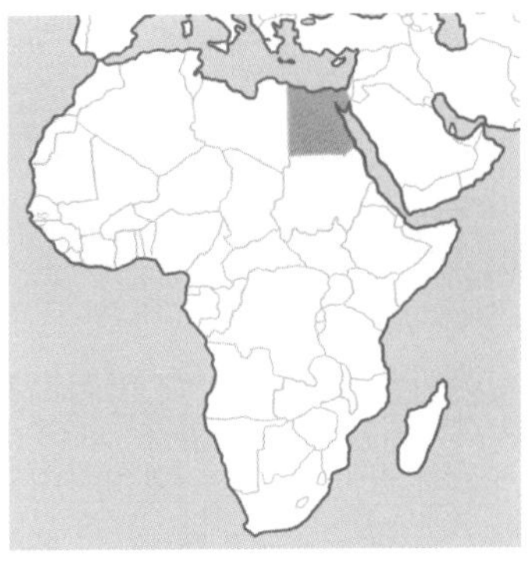

이집트의 지리적 위치

피라미드, 스핑크스 등 고대 유적 하면 가장 먼저 떠오르는 나라가 바로 이집트입니다. 이집트는 고대 유적뿐만 아니라 문명의 발상지이기도 해서 여러모로 많이 들어본 곳이기도 하지요.

이집트는 사하라 사막이 지나가는 건조 기후 지역에 위치하고 있습니다. 앞에서도 살펴본 것처럼 건조 기후는 강수량이 부족해서 풍족한 식량 자원을 확보하기가 어려운 지역입니다. 그런데 이런 지역에서 어떻게 사람들이 터를 잡고 문명을 발전시켰을까요?

그것은 '이집트의 축복'이라고 불리는 나일강 덕분입니다. 나일

☞ 나일강 삼각주

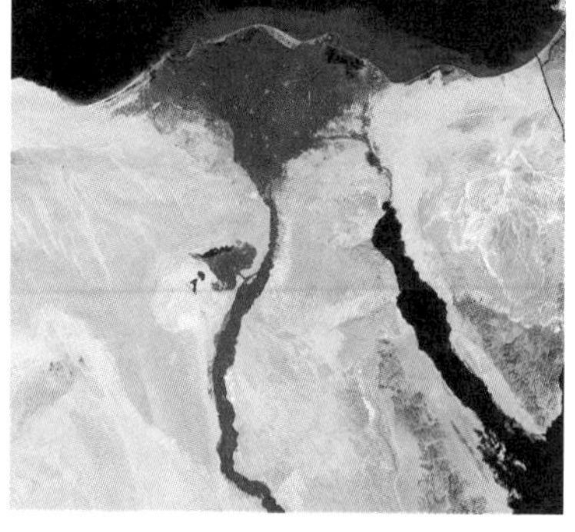

☞ 나일강 삼각주를 확대한 모습

강은 외래하천으로 아프리카 중앙의 열대 기후 지역인 빅토리아 호수 지역에서 발원한 다음 사하라 사막을 관통해 이집트를 지나 지중해로 흐르는 하천입니다. 세계에서 가장 긴 강으로도 알려져 있습니다.*

강은 인간이 사는 데 꼭 필요한 지형입니다. 용수를 제공할 뿐만 아니라 비옥한 토양을 만들어주는 일등 공신이기 때문입니다. 나일강은 매우 큰 강이라 물이 부족할 걱정도 없었고, 아프리카에 우기가 찾아왔을 때 나일강이 범람하면 강이 흐르면서 갖고 있던 비옥한 물질들을 주변 육지에 퇴적시켜 비옥한 땅을 만듭니다. 이런 환경에는 사람들이 모여들 수밖에 없지요.

이집트를 확대한 사진을 보면 나일강이 흐르는 주변만 초록색인 것을 볼 수 있습니다. 이 초록색 지역은 모두 나일강이 범람해서

* 강의 길이는 측정 방식 때문에 항상 논란이 많습니다. 그래서 나일강과 아마존강이 강 길이 1, 2위를 두고 다투곤 합니다. 하지만 대체로 나일강을 1위로 보는 관점이 더 많습니다.

만들어진 비옥한 토양 지대입니다. 건조 기후는 강수량은 부족한 대신 일조량이 풍부합니다. 비옥한 땅과 나일강의 물, 그리고 충분한 햇빛이 더해져 농업에 유리한 조건이 만들어진 것입니다. 그래서 이곳에 인간이 정착해 문명까지 이뤄낼 수 있었지요.

초록색 모양의 땅이 가장 넓은 곳은 카이로 일대에 삼각형 형태로 펼쳐져 있습니다. 강과 바다가 만나는 곳에서는 강의 유속이 급속히 느려지고 지금까지 가져온 물질들을 이 바다 근처에 퇴적시키는데, 이때 만들어지는 지형이 바로 삼각주입니다.

삼각주라는 단어에서 알 수 있다시피 삼각형 모양으로 생겨서 삼각주•라고 부르는데요, 나일강의 하구가 삼각형 모양을 이루고 있습니다. 고대 그리스 문자에서 삼각형을 델타라고 부르는 것에서 유래해 영어로도 이곳을 델타(Δ)라고 부릅니다.

삼각주는 강이 가져온 아주 비옥한 물질들이 다량 퇴적되어 만들어졌기 때문에 농사에 굉장히 유리한 땅입니다. 그래서 이집트는 아프리카에서 쌀농사까지 가능한 몇 안 되는 국가입니다. 이집트는 이 나일강이 주는 혜택을 바탕으로 문명의 발상지가 되었고, 스핑크스나 피라미드 같은 세계적인 유적이 발달하고, 농업이 활발한 국가로 성장할 수 있었습니다.

하지만 최근 이집트는 나일강의 물질 공급이 부족해지면서 큰

• 하천이 바다를 만나 퇴적물이 쌓여 만들어진 지형을 삼각주라고 합니다. 이 때 생기는 모양이 굉장히 다양한데 이집트 나일강의 삼각주가 가장 전형적인 형태여서 델타라고 부르게 된 것입니다. 삼각주라고 해서 항상 삼각형의 모양을 하고 있지는 않습니다.

어려움을 겪고 있습니다. 나일강 상류에 건설한 댐이 퇴적 물질의 공급을 막았기 때문입니다. 이집트는 나일강 하류 지역에 있기 때문에 상류에서 나일강의 흐름이 막혀 유량과 퇴적물이 모두 줄어들면서 이집트에 큰 피해가 누적되고 있습니다. 이렇게 여러 나라를 흐르는 하천을 국제하천이라고 하는데, 상류 지역의 댐 건설로 인한 국제하천 분쟁이 여러 곳에서 일어나고 있습니다.

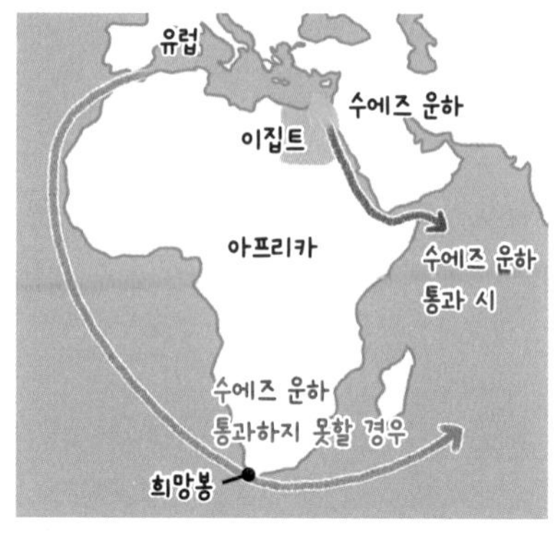

☞ 아프리카를 돌아가는 기존 항로와 수에즈 운하를 통과하는 항로

전 세계가 이집트를 주목하는 또 다른 이유는 바로 수에즈 운하입니다. 이집트에는 육지가 바다 사이로 아주 얇게 이어진 곳이 있습니다. 이런 곳을 지협이라고 합니다.

앞서 중·남부 아메리카의 파나마처럼 이곳에 운하를 건설하면 비효율적인 경로를 크게 줄일 수 있습니다. 유럽이 대항해 시대를 연 이래 아시아 지역에서 유럽으로의 무역이 활발하게 이루어졌지만, 배를 타고 바다로 교류하려면 아프리카 대륙의 가장 남쪽까지 엄청난 거리를 돌아가야 했습니다.

그러던 중 유럽 열강들은 이집트를 주목했습니다. 이집트에 있는 저 얇은 지협을 통과할 수만 있다면 아프리카를 빙 돌아오지 않아도 곧바로 오고 갈 수 있다는 생각이었지요. 이런 이유로 이집트에

수에즈 운하에서 좌초된 에버기븐호

수에즈 운하가 건설되었습니다.

과거에는 운하를 유럽 국가들이 소유하고 있었지만, 1956년 이후에는 이집트가 수에즈 운하를 소유하고 운영하게 되었습니다. 이곳을 지나는 배들의 통행료는 이집트에 쏠쏠한 이익을 안겨주고 있습니다. 배들은 아프리카를 돌아가지 않아도 되니 시간을 크게 절약할 수 있고, 이집트는 통행료 수익을 거둘 수 있으니 서로 좋은 셈입니다.

수에즈 운하는 현대 해상 물류 운송에서 아주 중요한 역할을 하고 있습니다. 이곳이 막힌다면 물류 체계에 엄청난 손실이 발생할 수 있지요. 그런데 2021년 3월, 초대형 선박인 에버기븐호가 이곳 수에즈 운하를 지나다가 좌초되는 사건이 일어났습니다. 사건을 수습하는 동안 수에즈 운하로 통하는 길이 폐쇄되었고, 이로 인해 전 세계적으로 수백억 달러에 달하는 손해가 발생하기도 했습니다.

아프리카의 국경선이 직선인 이유

블러드 다이아몬드

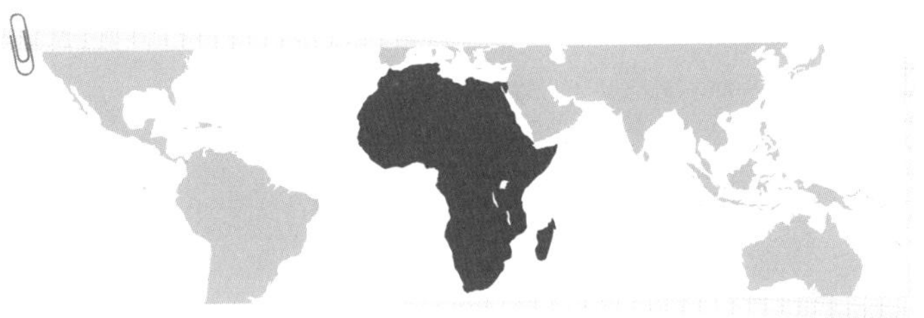

국경을 설정할 때는 일반적으로 자연적 요소가 반영됩니다. 주로 하천, 산맥, 사막, 협곡 등이 국경을 나누는 역할을 하지요. 실제로 전 세계의 국경선은 대부분 자연에 따라 만들어져 있습니다. 그런데 아프리카의 국경선을 보면 유독 이상한 점이 있습니다. 마치 퍼즐 조각처럼 직선인 구간이 많은데, 이 선이 아프리카의 자연환경을 반영하고 있는 것 같지는 않아요. 아프리카의 국경선은 어떻게 이런 모습을 하게 된 것일까요?

아프리카는 원래 셀 수 없을 정도로 많은 민족과 인종이 섞인 대륙입니다. 민족과 인종이 다르다는 것은 곧 언어와 문화도 다르다는 뜻입니다. 따라서 이들은 각자 나름대로 경계를 설정하고 살아갔습니다. 그러다 제국주의 시대가 도래하면서 유럽이 아프리카 대륙을 침략하자 이 모든 경계가 송두리째 뒤바뀌게 되었지요.

아프리카 대륙의 국경과 민족 경계

유럽 사람들에게 아프리카는 그저 지배할 땅이 많은 식민지일 뿐이었습니다. 가능한 한 많은 자원과 수출 시장을 확보해 놓아야 이를 이용해 더 많은 식민지를 확보할 수 있었지요. 게다가 이 넓은 대륙을 누가 더 많이, 빨리 차지하는지가 곧 국력을 과시하는 수단이기도 했습니다. 이에 유럽 열강들은 아프리카에서 경쟁적으로 식민지를 넓혀나갔습니다.

당시 아프리카에 식민지를 가진 국가들은 치열한 영역 싸움 끝에 국경선을 임의로 나누는 데 합의했습니다. 원래 아프리카에 살던 어느 누구에게도 허락과 협조를 구하기는커녕 자기들끼리 모여서 협의하고 결정을 내린 것이지요.

이 과정에서 아프리카의 자연적 요소들은 고려되지 않았고, 오로지 유럽 열강들의 세력과 편의에 의해 국경이 설정되었습니다. 그래서 아프리카에는 지금도 이때 그어진 직선 형태의 국경선이 많은 것입니다.

아프리카에는 수많은 민족, 인종이 살아가고 있는데 이렇게 임의로 국경선이 나뉘니 큰 문제가 발생하게 됩니다. 같은 민족과 인종이 다른 나라로 갈라지거나, 서로 적대적인 민족이 같은 나라로 묶이는 일이 일어났습니다. 당연히 문화적 충돌이 수없이 발생했고, 유럽 열강의 식민 지배 정책은 이 민족(종족) 간 갈등을 더욱 심화시켰습니다. 이들은 교묘하게 특정 민족에게만 혜택을 주거나 차별을 하면서 식민 지배를 했지요.

1945년 제2차 세계대전이 끝나고 많은 아프리카 국가가 유럽으로부터 독립했습니다. 하지만 국경선은 유럽이 정한 그대로 남아 있었기에 독립하고 나서도 민족·인종 간 갈등과 내전은 점점 심해져만 갔습니다. 같은 민족, 같은 인종이 다른 나라로 갈라지면서 내전뿐만이 아닌 국가 간 분쟁도 발생했지요.

아프리카에는 자원이 많이 매장되어 있지만 다른 대륙들에 비해 개발이 늦었고, 식민 지배를 받은 기간이 길어 선진국의 투자에 의존하는 경우가 많았습니다. 그러다 보니 독립 이후에도 여전히 선진국과 친밀하게 지내는 민족은 높은 지위에 있는 반면 그렇지 못한 민족은 차별 대우를 받기도 했지요.

자원 문제를 빼고 봐도 국가 내에 다수를 차지하는 민족이나 인종의 영향력이 강해지고 소수 민족은 영향력이 약해져 탄압받는 경우가 비일비재했습니다. 소수 민족은 이에 맞서 더 높은 지위, 더 나은 대우를 얻어내기 위해 쿠데타나 내전을 일으키기도 했습니다. 이 내전에 쓸 무기를 얻으려 자원을 불법 밀매하거나 지하 경제를 이용했는데, 무기를 살 때 가장 많이 쓰이는 자원이 다이아몬드와 금 같은 금속 자원이었습니다.

귀금속 자원을 불법으로 탈취해서 밀매한 돈으로 무기를 사고, 그 무기를 전쟁에 사용하고, 전쟁에서 승리한 쪽은 자원이나 국가의 권력을 얻어서 그로 인한 부를 누리고, 이를 노리는 다른 세력이 또 다른 내전을 일으키려 자원을 밀매하는 악순환이 계속되고 있습니다. 이처럼 반짝반짝 아름답게 빛나야 하는 다이아몬드가 피로 물들어 있다는 의미에서 아프리카에서 나오는 다이아몬드를 블러드 다이아몬드•라고 부르기도 합니다.

• 레오나르도 디카프리오 주연의 〈블러드 다이아몬드〉라는 영화는 아프리카의 자원 불법 밀매와 내전을 다룬 영화로 아프리카의 실상을 적나라하게 담았습니다.

21세기 최초의 독립 국가

수단과 남수단

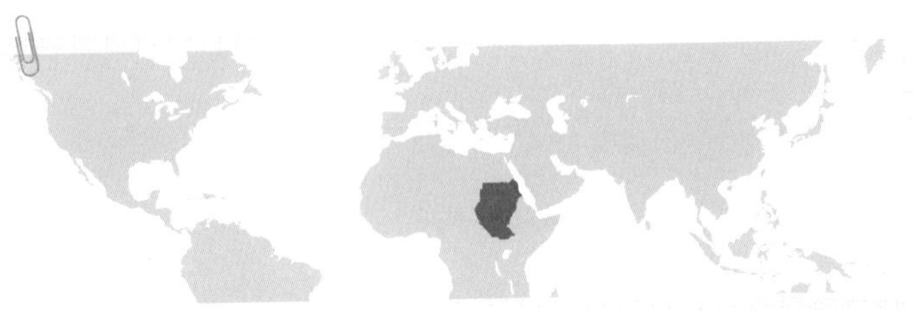

21세기가 되어서야 독립한 나라가 있다는 사실을 알고 있나요? 바로 수단에서 독립한 남수단입니다. 유럽 열강이 강제로 그은 국경선으로 인해 갈등 끝에 독립한 사례지요.

사하라 사막이 지나가는 수단과 남수단은 사하라 사막이라는 천연 장벽을 경계로 민족, 인종이 나뉘어 살고 있었습니다. 그러나 유럽 열강이 자신들의 편의에 따라 국경선을 설정하면서 전혀 다른 민족이 서로 같은 나라에서 살게 되었습니다.

수단 역시 서로 다른 민족과 인종들 사이에 내전이 발생했습니다. 특히 남수단 지역에 살던 사람들은 수단 사람들과 민족, 인종뿐 아니라 언어, 종교, 생활방식 등 모든 면이 달랐습니다. 종교를 예로 들면 수단 지역의 민족은 주로 이슬람교를, 남수단 지역의 민족은 주로 크리스트교와 민족 신앙을 믿었습니다.

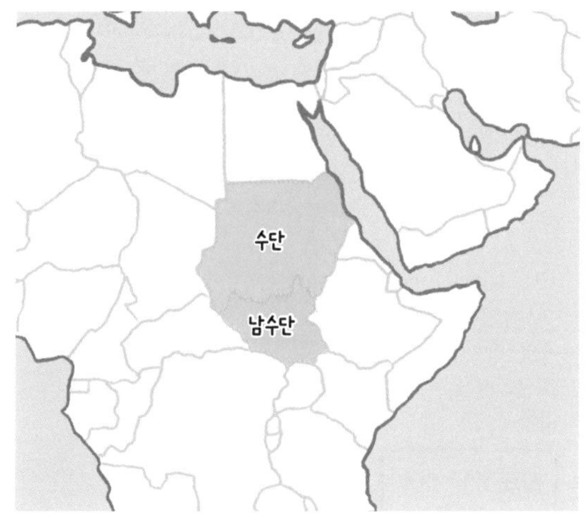

☞ 수단과 남수단

남수단 지역의 독립 요구가 계속되자 마침내 2011년 국민 투표가 실시되었고, 독립에 찬성하는 여론이 많아 남수단이 21세기 최초의 독립 국가로 탄생했습니다. 이제 수단과 남수단이 갈라졌으니 내전도 종식되고 평화로운 나날이 펼쳐질 것이라 기대했지만, 그 희망은 오래가지 못했습니다. 그 이유는 바로 자원 때문입니다.

수단과 남수단의 국경선 지대에 대규모 유전이 발견된 것이 발단이었습니다. 수단 입장에서는 남수단이 독립하지 않았다면 남수단 지역에 있는 석유도 모두 자신들 소유인데, 남수단이 독립을 해버렸기 때문에 불만이 있었습니다.

한편 남수단 입장에서도 석유가 많이 발견된 것 자체는 호재였지만, 남수단도 나름의 불만이 있었습니다. 석유를 운반하는 송유관이 홍해 쪽으로 이어져 있어서 바다로 석유를 수출해야 하는데, 독립

수단과 남수단 지역의 유전 지대와 송유관

을 하고 나니 바다를 접하지 않는 내륙국이 되어버린 것이지요.

즉 송유관을 이용하려면 수단과 협의해야 하는 상황이 되었습니다. 다른 나라의 송유관으로 우회하는 방법도 있지만, 그러면 더 큰 비용을 지불해야 하는 데다가 우회할 에티오피아 쪽은 높은 고원 지대라서 지형적으로 개발하기가 어려웠습니다.

그래서 수단과 남수단은 독립한 이후에도 석유 문제로 인한 분쟁이 현재 진행형입니다. 평화를 위해 독립했지만 오히려 독립 때문에 분쟁이 계속되는 아이러니한 상황이 펼쳐지고 있는 것이지요.

최악의 인종차별 정책과 흑인 대통령

아파르트헤이트와 넬슨 만델라

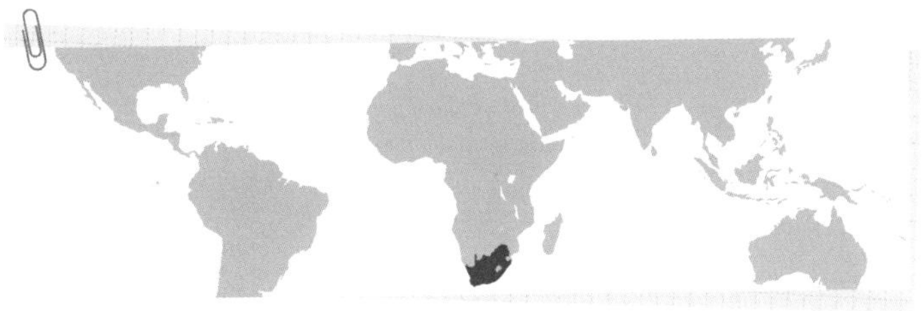

아프리카는 거의 모든 국가가 유럽 열강들의 식민 지배를 받았습니다. 남아프리카공화국 역시 유럽 열강의 식민 지배를 받았지요.

유럽인은 대부분 백인 계열이고 아프리카인은 대부분 흑인 계열입니다. 당시 유럽인들은 백인들이 인종적으로 더 우위에 있고, 흑인들은 차별받아도 마땅한 존재라고 생각했습니다. 그래서 남아프리카공화국에 온 유럽인들은 흑인들을 탄압하고 억압했습니다.

그런데 이 차별을 1948년 남아프리카공화국에 세워진 백인 정권이 아예 공식적 정책으로 실시했는데, 이 정책을 아파르트헤이트•라고 부릅니다. 아파르트헤이트는 공공시설, 거주지, 교육, 결혼 등 모

● 백인과 유색 인종의 차별 정책을 가리키는 아파르트헤이트(Apartheid)는 아프리칸스어로 '분리, 격리'를 뜻합니다.

든 분야에서 백인과 유색 인종을 차별하는 내용의 제도입니다.

특히 거주지 분리가 심각했는데, 흑인들은 도시 중심가에 사는 것 자체가 불법이었습니다. 유색 인종이 도시로 들어오려면 허가증이 있어야 들어올 수 있었고, 혼혈이 태어나면 부모님과 손을 잡고 산책하는 것마저 제한되었다고 합니다.•

결국 이러한 차별과 억압들은 분쟁으로 이어졌고 흑인을 비롯한 유색 인종들은 권리를 보장받기 위해 투쟁해 나갔습니다. 그러던 1994년, 남아프리카공화국에서 최초의 흑인 대통령인 넬슨 만델라가 당선되면서 아파르트헤이트는 공식적으로 종료되었습니다.

넬슨 만델라의 노력으로 남아프리카공화국의 인권 차별과 억압, 탄압은 눈에 띄게 줄어들었고 흑인은 인권을 되찾게 되었지요. 넬슨 만델라는 이 공로로 노벨평화상을 수상하기도 했습니다. 하지만 이 제도가 너무나 오랫동안 유지되었던 나머지 공식적인 제도가 사라졌음에도 아직 그 잔재가 많이 남아 있다고 합니다.

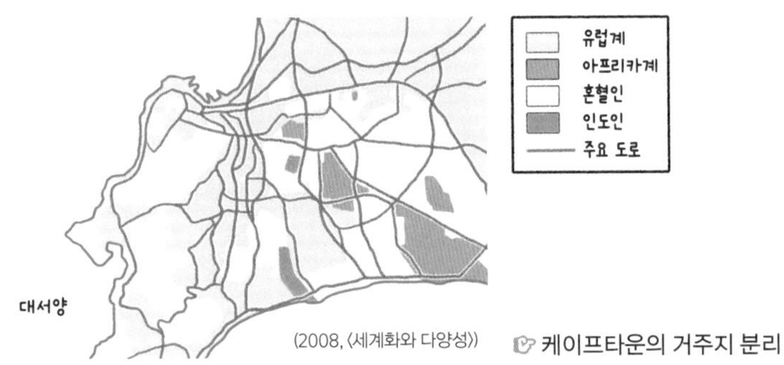

케이프타운의 거주지 분리

• 남아프리카공화국 출신의 유명 코미디언 트레버 노아는 "나의 존재 자체가 범죄였습니다."라고 언급하기도 했습니다.

인구 증가율 1위
아프리카

아프리카의 인구 문제와 미래

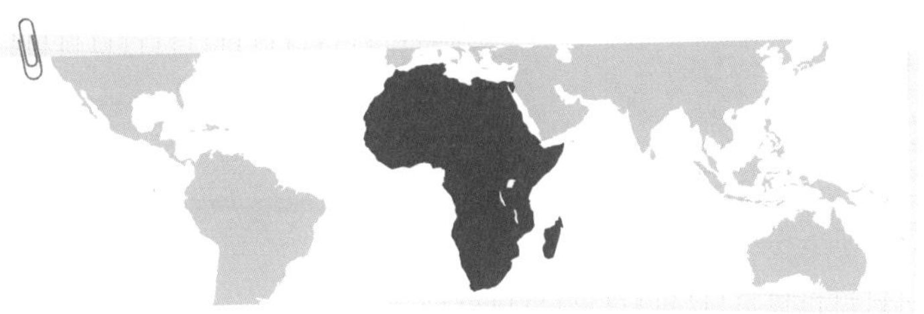

아프리카는 현재 인구 증가율이 가장 높은 대륙입니다. 왜 다른 대륙과 달리 아프리카에서는 인구가 이렇게 빠르게 늘어나고 있을까요?

우리나라도 과거에는 출산율이 매우 높아서 인구가 급증하던 시기가 있었습니다. 하지만 지금은 출산율이 세계에서 가장 낮아졌고, 인구가 감소하기 시작했지요. 미국이나 유럽의 여러 선진국도 과거에는 출산율이 높았으나 현재는 출산율이 낮아 인구 증가율이 크게 줄어들었습니다.

여러 국가의 사례를 연구한 결과 인구의 증가와 감소는 어느 정도 정형화된 패턴을 보인다는 것을 발견했는데, 이 패턴을 정리한 것이 바로 인구 변천 모형입니다.

인구가 증가하는 요소는 자연적 증가와 사회적 증가로 나뉩니

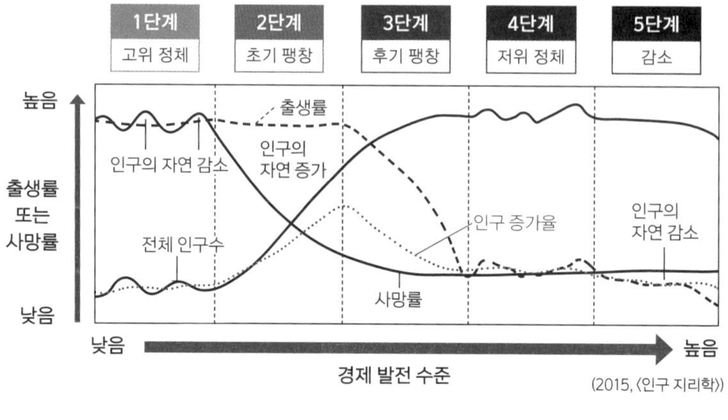

인구 변천 모형

다. 자연적 증가는 출생률과 사망률로 알 수 있고, 사회적 증가는 전입과 전출로 알 수 있는 지표입니다. 참고로 인구 변천 모형에서는 자연적 증가만 고려하고 사회적 증가는 고려하지 않습니다.

인구 변천 모형은 출생률과 사망률의 변화를 단계별로 제시하고 이를 통해 인구 변화를 알 수 있다는 이론입니다. 연구 결과 지구에 있는 모든 국가는 인구 변천 모형 1단계부터 5단계까지의 패턴을 따라간다는 사실을 밝혀냈습니다.

1단계

1단계는 출생률과 사망률이 모두 매우 높은 단계입니다. 많이 태어나고 많이 죽는다고 해서 '다산다사 단계'라고도 합니다. 1단계는 아직 산업화가 이루어지지 않아 1차 산업 위주의 환경이 조성되어 있어 노동력이 매우 중요한 시기입니다. 여기서 노동력은 사람의 수를 의미합니다.

노동력이 곧 인구이므로 이때는 아이를 많이 낳는 것이 경제에 직접적인 도움이 됩니다. 그래서 출생률이 매우 높습니다. 하지만 산업화가 아직 이루어지지 않았기 때문에 과학 기술의 발전도 더뎌 의료기술 또는 식량 부족으로 사망하는 사람도 많습니다.

특히 이 단계에서는 유아 사망률이 매우 높습니다. 이 1단계는 과거 우리나라의 조선 시대나 유럽 중세 시대 국가와 같이 농업 위주 사회에서 주로 나타납니다. 현재 지구에서 이 단계에 해당하는 곳은 아프리카나 아마존의 일부 원시 부족 사회입니다.

2단계

2단계에서는 출생률은 높은데 사망률은 급격하게 감소하는 '다산감사 단계'입니다. 산업화가 이루어지고 있는 시기이지요. 과학 기술이 발전하면서 사망률이 급감합니다. 따라서 출생률은 1단계와 마찬가지로 여전히 높지만 사망률이 줄어드니 인구가 확 늘어나게 됩니다.

2단계에 해당하는 국가는 산업 혁명 당시의 유럽 국가, 현재 아프리카의 개발도상국 등이 있습니다.

3단계

3단계는 출생률이 감소하는 단계입니다. 그래서 '감산소사 단계'라고 부릅니다. 산업화가 계속해서 이루어지다 보면 사람들의 인식이 바뀝니다. 농업 사회와 산업화 초기만 하더라도 사람이 많을수록 경제 성장에 유리했습니다.

하지만 산업화가 계속되다 보면 사람보다 기계가 더 많은 일을 하고, 노동력의 중요성은 점점 떨어집니다. 사회적으로 아이를 많이 낳을 필요가 없어진다는 의미입니다.

또한 여성의 사회 진출이 늘어나면서 결혼과 자녀에 관한 인식도 점차 변화합니다. 이런 이유로 3단계에서는 출생률이 감속하게 됩니다.

하지만 여전히 출생률이 사망률보다는 높기 때문에 이 3단계에서도 인구는 증가하고 있습니다. 중국, 인도, 동남아시아, 라틴 아메리카 등의 개발도상국들이 3단계에 해당합니다. 이때부터 저출산 고령화 현상이 본격화됩니다.

4단계

4단계는 출생률도 낮고, 사망률도 낮아 '소산소사 단계'라고 부릅니다. 사람들은 이제 아이를 낳지 않고, 의료 기술이 더욱 발달해서 평균 수명이 늘어나고 사망률도 매우 낮은 단계가 됩니다. 출생률과 사망률의 차이가 작아져 인구가 정체되는 시기입니다.

선진국 대부분이 이 단계에 해당합니다. 그래서 4단계부터는 국가들이 출산을 장려하고 노인 복지에 신경을 쓰는 등 저출산 고령화 사회에 대비할 정책을 심각하게 논의합니다.

5단계

5단계는 결국 출생률이 사망률보다 낮아지는 단계입니다. 바로 인구가 자연적으로 줄어드는 시기이지요. 우리나라, 일본, 유럽 일부 국가가 여기에 해당합니다. 이 단계에서는 인구가 자연적으로 감소하므로 청년층의 부양 부담이 커지고, 노동력은 부족해지고, 노인 비중이 늘어나면서 복지 부담도 커지는 어려운 상황이 이어집니다. 인구 변천 모형은 인구가 변화하는 모든 경우를 예외 없이 일괄적으로 적용해서 설명한다는 지적을 받기도 하지만, 전 세계 국가의 인구 변천을 한눈에 볼 수 있다는 장점이 있어 널리 쓰이고 있습니다.

대부분 아프리카 국가는 현재 2단계에 해당하며 인구가 급속하게 증가하고 있습니다. 인구가 많은 만큼 이들의 국가 잠재력은 매우 높다고 말할 수 있습니다. 우리나라가 산업화 시기에 빠르게 성장할 수 있었던 원동력은 바로 '사람'이었습니다. 현재는 우리나라의 출산율이 사상 최악으로 떨어지고 있고, 앞으로 우리나라에 성장은 없을 것이라는 비관적인 전망이 나오고 있기도 하지요.

아프리카는 이와 반대되는 상황입니다. 하지만 인구가 증가하는 만큼 경제 성장이 뒷받침되어 사회 기반 시설과 식량이 확보되어야 하는데, 아프리카는 앞서 살펴본 것처럼 내전과 분쟁 등의 여러 가지 이유로 증가하는 인구를 감당하지 못하고 있습니다. 아프리카의 인구 문제를 해결하려 여러 국제기구가 노력하고 있지만 여전히 전 세계의 관심이 필요한 시점입니다.

아프리카의 희망 보츠와나

학교에서 과목을 막론하고 아프리카는 그저 가난하고, 힘들고, 사정이 어려운 대륙이라고만 배우고 지나가는 경우가 많습니다. 그러나 단지 산업화와 도시화가 다른 대륙에 비해서 조금 늦었을 뿐, 아프리카는 끊임없이 역동적으로 발전해 나가는 희망의 대륙이라고 할 수 있습니다. 물론 여기서도 어쩔 수 없이 아프리카를 어두운 역사나 약점 위주로 설명할 수밖에 없었지만, 아프리카를 그저 어렵고 가난한 대륙이라고만 생각하지는 않았으면 좋겠습니다.

이런 선입견을 바꾸는 사례도 있습니다. 아프리카에는 내전과 갈등, 빈곤으로 얼룩진 곳도 있는 반면, 민주주의가 잘 정착하고 내전의 위협 없이 경제 성장이 이루어져 국민 소득이 높은 국가도 있습니다. 2015 개정 교육과정 세계지리에서는 이 나라를 '아프리카의 예외'라고 가르칠 정도인데요, 그 주인공은 바로 남부 아프리카에 있는 보츠와나입니다.

보츠와나는 1966년 유럽 열강으로부터 독립한 남부 아프리카 국가입니다. 다른 아프리카 나라들과는 다르게 종족, 인종, 민족 갈등 문제에 휩싸이지 않고 정치적 혼란 없이 꾸준히 경제 성장을 해왔습니다.

앞에서 다이아몬드나 금 같은 비싼 금속 자원의 어두운 면을 가리키는 '블러드 다이아몬드'에 관해 살펴보았지요. 보츠와나는 아프리카 국가 중 다이아몬드 생산량이 1위이고, 전 세계 다이아몬드의 23%를 생산하는 나라입니다.[•] 다른 나라라면 다이아몬드를 판 돈이 지하 경제나 쿠데타, 독재 정권 유지 등에 사용될 수도 있었겠지만, 보츠와나는 다이아몬드로 얻은 돈을 국가 개발에 투자하고 국민을 위해 사용하는 선순환을 보여주었습니다.

보츠와나의 위치

다른 나라들은 대부분 다이아몬드 개발을 할 때 기술력이 부족해 선진국에 의존하면서 이로 인한 부패와 갈등이 생기는 경우가 많았습니다. 그러나 보츠와나는 선진국의 다국적 기업에 의존하지 않고 정부가 만든 회사가 다이아몬드의 채굴과 생산을 직접 책임지고 있어 비교적 효율적으로 운영할 수 있었지요.

1966년 독립 당시 1인당 국내 총생산은 83달러에 불과했지만, 2016년에는 약 6,800달러가 될 정도로 꾸준히 큰 폭의 경제 성장을 이루고 있습니다.

또한 민주주의 정치 체제가 비교적 잘 정착하고 있어 독재가

• 2017년 킴벌리 프로세스 인증체계 기준

없고 상대적으로 국내의 서로 다른 민족, 인종, 종족들을 존중하는 소통을 중시하고 있어 분쟁, 내전의 위험으로부터 자유로운 편입니다.

'아프리카의 예외'라고 불릴 정도로 모범적인 정부와 시스템이 자리 잡고 있는 보츠와나는 다른 아프리카 국가들에 좋은 본보기가 되고 있습니다.

6장

오세아니아와 극지방

자원으로 먹고사는 선진국

오스트레일리아의 자연환경과 자원

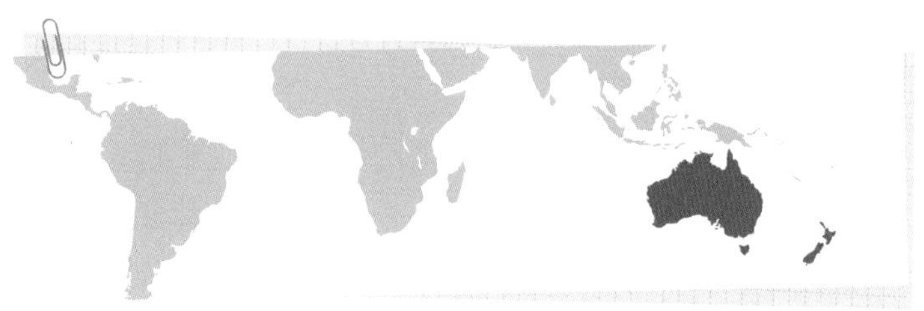

오세아니아에서 가장 큰 면적을 차지하는 나라이자, 그 나라가 곧 대륙인 곳은 어디일까요? 바로 오스트레일리아(호주)입니다. 위치나 특성이 전혀 다르지만 이름 때문에 오스트리아와 혼동하는 사람도 많은데요, 더 이상 헷갈리지 않도록 오스트레일리아의 특성을 자세히 알아봅시다.

오스트레일리아는 동쪽에 그레이트디바이딩산맥이라는 고기조산대가 있고, 이 고기조산대의 서쪽으로는 안정육괴•가 넓게 형성되어 있습니다. 자원의 종류와 양은 지형에 따라 달라지는데, 이처럼 고기조산대와 안정육괴가 넓게 펼쳐진 오스트레일리아에는 지하자

• 안정지괴라고도 불립니다. 이곳은 말 그대로 지각운동을 받지 않아 오랫동안 안정적인 상태를 유지해 온 땅덩어리를 의미합니다.

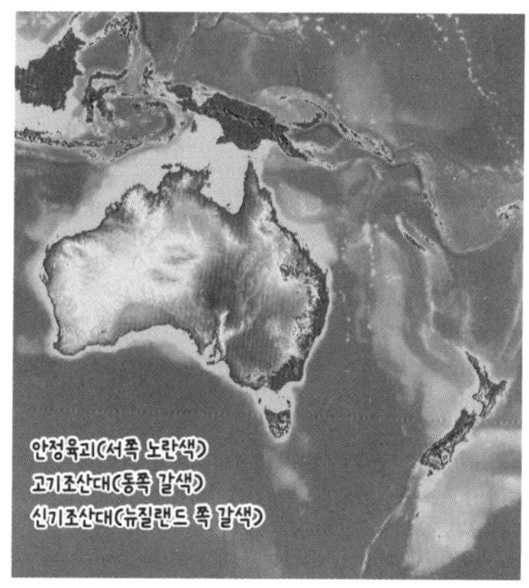

오세아니아의 지형

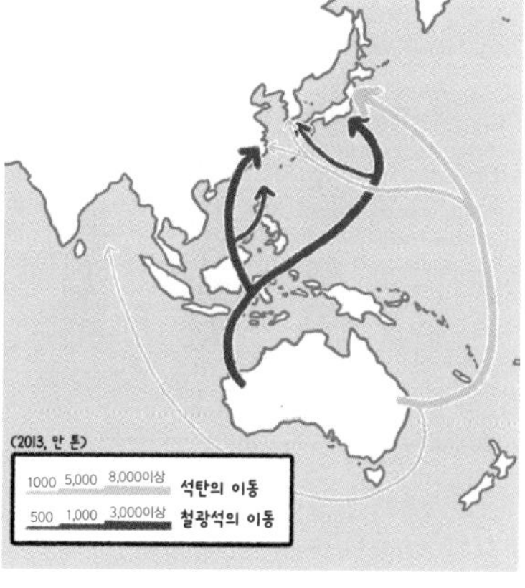

오스트레일리아의 자원 이동
(2016, 〈신상지리자료〉, 〈고등 지도장〉)

원이 매우 많이 매장되어 있습니다.

고기조산대에는 석탄 자원이, 안정육괴에는 철광석 자원이 풍부해서 오스트레일리아는 이 자원의 수출을 바탕으로 경제 성장을 하고 있습니다.

오스트레일리아에서의 자원 이동을 보면 동쪽에는 석탄이 이동하고, 서쪽에서는 철광석이 이동합니다. 동쪽에는 고기조산대가, 서쪽에는 안정육괴 지형이 위치하고 있어서 자원도 이에 따라 분포하는 것이지요.

오스트레일리아는 선진국으로 분류되지만 다른 선진국들과 다르게 제조업 발달이 미약합니다. 인구는 2024년 기준 약 2,671만 명으로, 국토는 엄청나게 큰데도 인구수는 매우 적습니다. 이 때문에 내수 시장이 활발하게 성장하지 못하고 제조업이 발달하기 어려웠지요. 그래서 주로 자원을 중국, 우리나라, 일본이 있는 동아시아 지

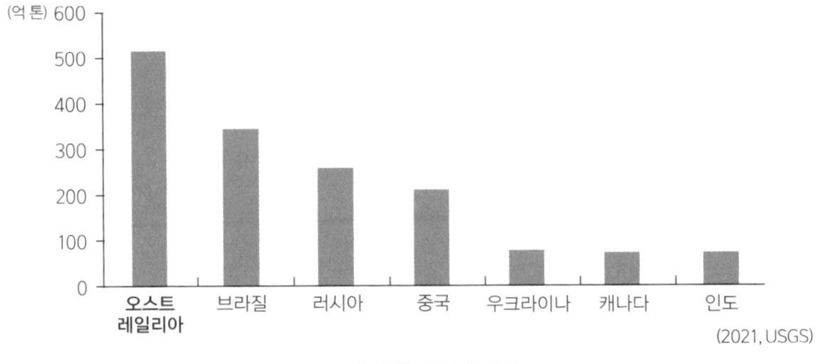

국가별 철광석 매장량

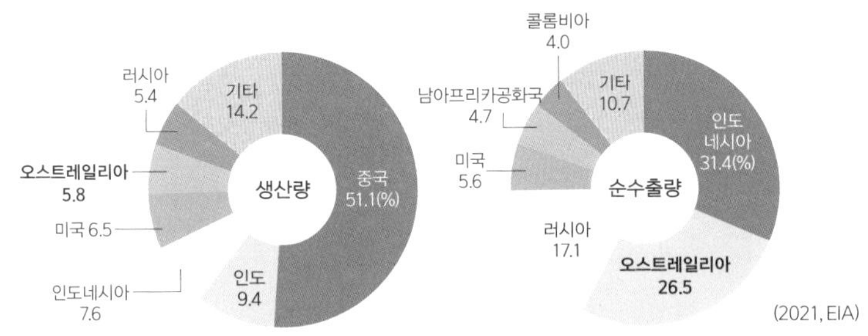

국가별 석탄 생산량과 수출량

역에 수출하고, 동아시아에서 만들어진 공업 제품을 수입하는 경제 구조를 보이고 있습니다.

오스트레일리아의 기후는 대부분 건조 기후입니다.● 그래서 이 넓은 땅에 대규모 밀 재배와 양 사육이 상업적으로 이루어지고 있습니다. 선진국이지만 자원과 농산물 수출량이 압도적으로 많은 오스

● 오스트레일리아를 지나는 위도는 남위 23.5° 입니다. 사막이 생기는 데 아열대 고압대의 영향력이 매우 크다고 설명했었는데, 혹시 기억하고 있나요? 오스트레일리아 역시 연중 아열대 고압대의 영향을 받아 대부분 건조 기후가 나타납니다.

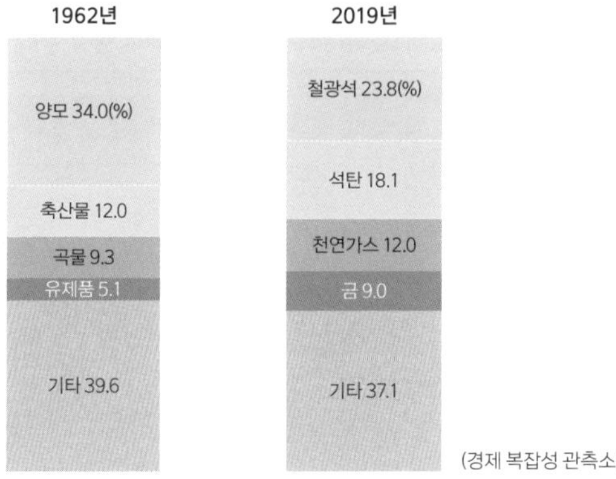

오스트레일리아의 주요 수출품

트레일리아는 기존의 선진국들과는 다른 산업 구조를 보여주지요. 따라서 오스트레일리아는 자원으로 먹고산다는 말이 나올 정도로 자원 수출이 매우 중요한 나라라고 할 수 있습니다.

2021년 중국과 오스트레일리아의 무역 분쟁으로 중국에서 오스트레일리아의 석탄 수입을 금지한 적이 있습니다. 당시 오스트레일리아의 석탄 수출량이 어마어마했기 때문에 중국 산업 대부분이 마비되는 사태가 일어나기도 했지요. 이 사건은 자원이 많은 국가가 세계적으로 강력한 힘을 발휘한다는 것을 보여주는 대표적인 사례이기도 합니다.

건조한 오스트레일리아에서 대규모 목축을 하는 획기적인 방법

대찬정 분지

건조 기후인 오스트레일리아에서는 상업적 밀 재배와 양 사육이 이루어집니다. 생산량과 수출량이 전 세계에서 손에 꼽을 정도이지요. 농사짓기 어려운 건조 기후에서 어떻게 대규모 농업과 목축이 발달할 수 있었을까요?

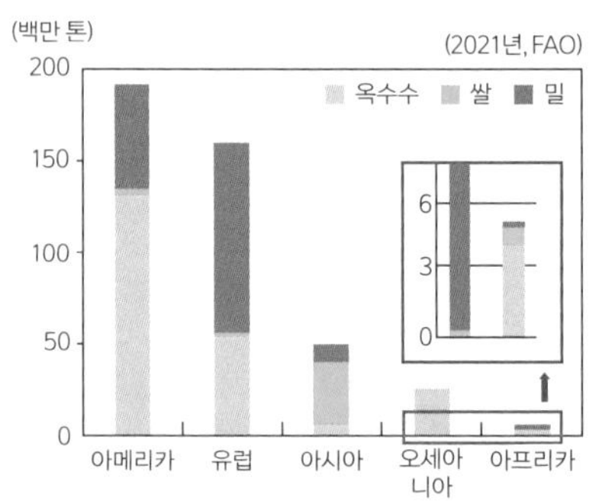

대륙별 밀, 쌀, 옥수수 수출량

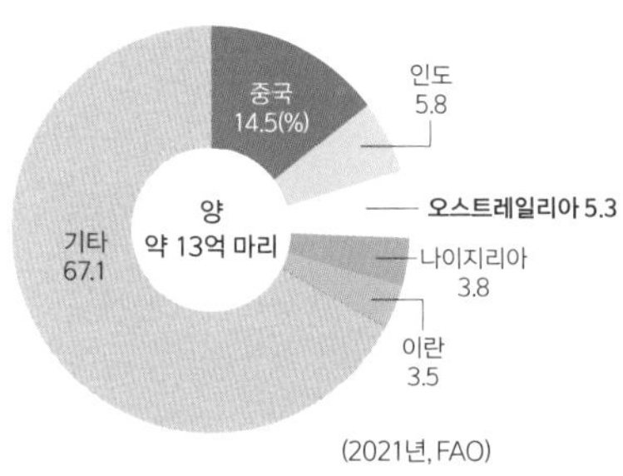

국가별 양 사육 두수 비율

앞에서도 강조했듯이 건조 기후에서 가장 중요한 자원은 물입니다. 물을 얼마나 공급받을 수 있는지가 건조 기후에서의 생활, 나아가 생존을 결정하지요. 오스트레일리아에서는 그레이트디바이딩산맥이 만든 강과 지하수 덕분에 용수를 풍부하게 공급받고 있습니다.

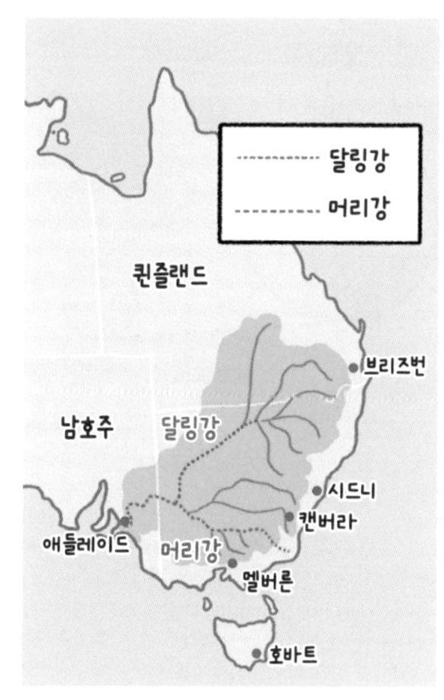

머리강과 달링강

그레이트디바이딩산맥에서 발원한 머리강과 달링강은 오스트레일리아에서 가장 긴 두 강입니다. 이 강 유역에서는 강에서 공급되는 물로 농업을 할 수 있습니다. 하지만 건조 기후에서 이 강에만 의존해 농사짓기란 한계가 있지요.

이 한계를 극복하게 해준 지형이 바로 대찬정 분지입니다. 오스트레일리아의 그레이트디바이딩산맥 동쪽은 무역풍이 부딪히는 바람받이 사면입니다. 그래서 이 동쪽 사면은 연중 강수량이 많아 습윤 기후가 나타납니다.

동쪽 사면에 뿌려진 비는 땅속에 스며들어 지하로 흐르게 됩니다. 그리고 이 지하수는 다시 그레이트디바이딩산맥 서쪽을 향해 흐르지요. 이런 땅의 구조 덕분에 그레이트디바이딩산맥 서쪽 사면은 강수량이 적은 지역임에도 불구하고 물이 풍부한 지하에 구멍을 뚫어서 지하수를 뽑아 쓸 수 있습니다.

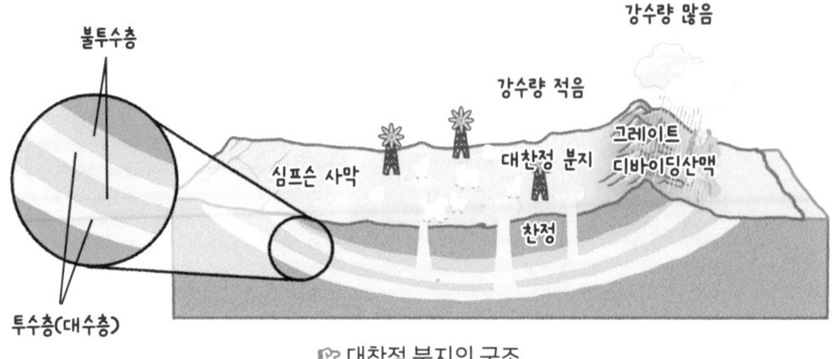

대찬정 분지의 구조

땅에서 물이 솟아 나오는 구멍을 찬정이라고 부르며, 이 찬정을 이용해서 대규모 상업적 농업을 하는 지역을 대찬정 분지라고 부릅니다. 이 대찬정 분지 덕분에 오스트레일리아는 세계적인 농업 국가가 될 수 있었습니다.

북섬에서 화산 보고, 남섬에서 빙하 보고

뉴질랜드의 자연환경

뉴질랜드는 대부분 연중 편서풍의 영향을 받는 서안 해양성 기후가 나타나는 곳입니다. 연중 고르게 비가 내리고 최난월 평균 기온도 22℃를 넘지 않는 선선한 기후이지요.

뉴질랜드는 천혜의 자연환경을 간직한 나라로 유명합니다. 뉴질랜드 어딜 가더라도 펼쳐져 있는 아름다운 풍경들은 영화 촬영지나 관광지로 활용되고 있지요. 뉴질랜드는 크게 섬 2개로 이루어져 있는데 북쪽에 있는 섬을 북섬, 남쪽에 있는 섬을 남섬이라고 부릅니다.

뉴질랜드는 판구조 운동으로 형성된 섬나라입니다. 특히 뉴질랜드 북섬은 화산 활동이 활발하게 일어나 화산 지형이 매우 많기로 유명하고, 뉴질랜드 남섬은 과거 빙하로 덮여 있던 흔적이 남아 있어 빙하 지형이 매우 많은 곳입니다. 그래서 뉴질랜드에 여행을 갈 때 북섬에서는 화산, 남섬에서는 빙하를 보고 온다는 말도 있지요.

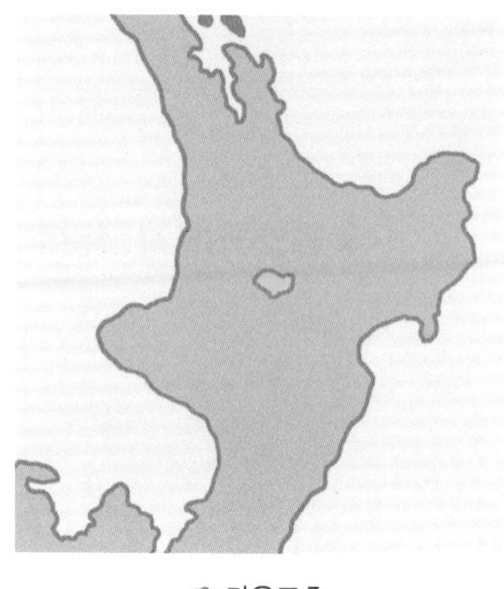
타우포호

뉴질랜드의 북섬 한가운데에는 타우포호라고 불리는 큰 호수가 있습니다. 이 호수는 화산 활동으로 생긴 분화구가 시간이 지나 함몰되면서 만들어진 거대한 구덩이입니다. 이 거대한 구덩이를 '칼데라'라고 부르고, 칼데라에 물이 고여서 호수가 된 것을 칼데라호라고 부릅니다.

한반도에서 가장 높은 산인 백두산의 천지도 같은 원리로 형성된 칼데라호입니다. 타우포호는 면적이 약 616km²에 달해 엄청난 크기를 자랑하는 호수이기도 하지요.

뉴질랜드는 판의 경계에 위치하고 있어 지진과 화산 활동이 왕성한 나라입니다. 지금도 계속해서 화산 관련 지형이 만들어지고 있

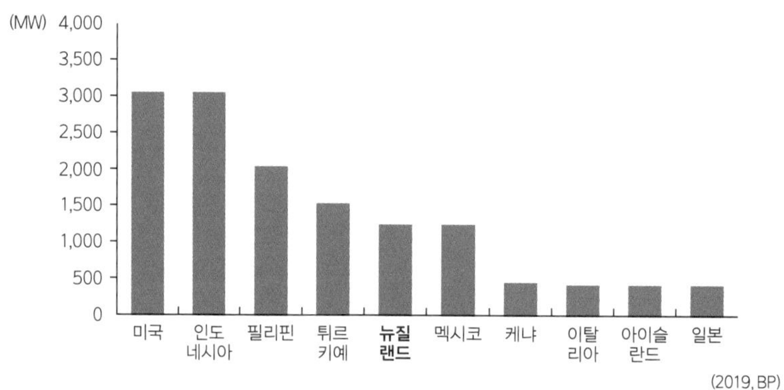

세계 지열 발전의 국가별 설비 용량

지요. 그래서 아이슬란드와 마찬가지로 땅속의 지열을 이용한 지열 발전이 활발하게 이루어지는 곳이기도 합니다.

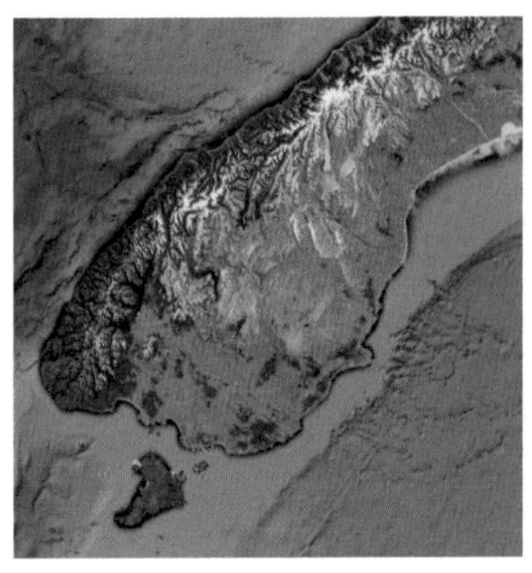

뉴질랜드 남섬의 피오르 지형

빙하 지형이 발달한 뉴질랜드 남섬은 해안선이 굉장히 울퉁불퉁합니다. 이런 빙하 지형이 북부 유럽에서도 많이 발달한다는 것을 유럽장에서 본 적이 있지요? 과거 빙하가 덮여 있던 곳이 빙하의 침식에 의해 거대한 U자 모양의 계곡을 만들었고, 빙하기가 끝나고 해수면이 상승하면서 U자 모양 계곡에 바닷물이 차올라 울퉁불퉁한 해안선이 만들어졌습니다. 이런 지형을 피오르 지형이라고 했지요.

뉴질랜드 남섬은 판구조 운동으로 형성된 신기조산대가 섬 중앙을 가로질러 형성되어 있는데, 이 산맥의 높이가 매우 높아 산 정상부는 만년설로 뒤덮여 있습니다. 유럽의 알프스산맥과 비슷한 모습이라 남알프스산맥이라고도 불립니다.

오세아니아의 대표 원주민들

애버리지니와 마오리족

오스트레일리아와 뉴질랜드는 오세아니아를 대표하는 두 나라입니다. 신대륙 발견 이전까지 이곳은 원주민들이 살아가는 터전이었지만, 유럽의 지배를 받고 많은 유럽인이 이주해 오면서 원주민들의 삶이 위협받기 시작했습니다. 이 원주민들이 오스트레일리아의 애버리지니, 뉴질랜드의 마오리족입니다.

오스트레일리아에 진출한 유럽인들은 원래 살고 있던 애버리지니와 갈등을 빚다가 합의나 계약 없이 무단으로 오스트레일리아를 점령해 버렸습니다. 이 과정에서 전쟁이 일어났지만, 애버리지니는 신식 무기를 앞세운 유럽에 패배하고 말았지요.

오스트레일리아는 대부분 건조 기후이기 때문에 거주하기 유리한 온대 기후 지역은 유럽인들이 모두 차지했고, 애버리지니는 이를 피해 건조 기후 지역으로 이주했습니다. 그러자 유럽인들은 원주민

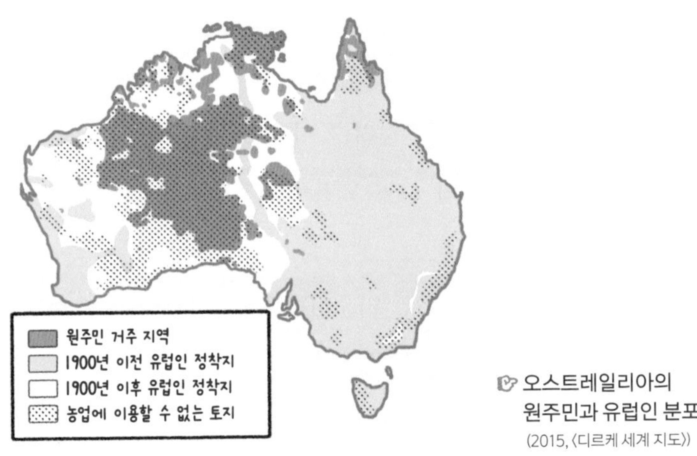

오스트레일리아의 원주민과 유럽인 분포
(2015, 〈디르케 세계 지도〉)

보호 구역을 만들어 이들을 건조 기후 지역에 모여 살게 했습니다.

원주민인데도 유럽인에게 밀려나 거주에 불리한 건조 기후 지역 한복판에 보호 구역까지 지정되어 살아야 했으니 당연히 반감이 생길 수밖에 없었습니다. 게다가 오스트레일리아에는 백호주의•가 널리 퍼져 있어서 원주민과 유색 인종에 대한 차별이 매우 심해 애버리지니가 동화되는 것이 쉽지 않았지요.

1900년대 초중반부터 오스트레일리아는 애버리지니들을 백인 사회와 동화시키려고 노력했지만, 방식이 아쉬웠습니다. 애버리지니 아이들을 부모와 강제로 분리하거나 백인 가정에 입양시키고, 언어 사용을 제한하는 등의 방식을 사용한 것이죠. 그래서 이 시기의 애버

• 백호(白濠)주의 : 백인의 오스트레일리아를 추구한다는 뜻으로 오스트레일리아에 거주하는 백인을 우대하고 원주민이나 이주해 온 유색 인종을 차별하는 경향을 의미합니다.

리지니들을 '도둑맞은 세대'라고 표현하기도 합니다.

최근에는 이러한 강압적인 동화주의 정책에서 벗어나고 백호주의를 없애면서 원주민과 화합하려는 시도가 이루어지고 있습니다. 더불어 아시아 이민자들이 많이 오면서 오스트레일리아는 다문화 사회가 되어가고 있습니다.

한편 뉴질랜드의 원주민인 마오리족 역시 이주해 온 유럽인들과 전쟁을 벌였습니다. 그 결과 유럽인들이 뉴질랜드를 점령했고 마오리족은 거주지 대부분을 상실했지요.

처음에는 오스트레일리아와 마찬가지로 원주민과 유럽인 사이에서 갈등이 지속되다가, 시간이 흘러 뉴질랜드 정부는 국민 통합을 강조하는 정책을 시행하게 됩니다. 마오리족의 언어를 국가 공용어로 채택하고 마오리족의 문화 풍습을 존중하는 등 화합을 시도한 것입니다.

많은 마오리족이 과거의 전쟁으로 희생되었지만, 뉴질랜드의 융합 정책으로 마오리족의 수는 점점 증가하는 추세이고 교육과 산업 등에서도 비교적 동등한 위치에 있다고 합니다. 마오리족과 화합하기 위해 노력한다는 것이 드러나는 사례가 바로 뉴질랜드의 국제 스포츠 경기입니다.

뉴질랜드 스포츠 국가대표팀은 시합 전 기선을 제압하기 위해 뉴질랜드 마오리족의 전통 춤인 '하카'를 추곤 합니다. 민족이나 인종 문제로 갈등을 겪는 다른 나라들도 공존을 시도하려 노력하는 모습을 보여주면 좋겠습니다.

북극과 남극은 대륙일까 바다일까

북극과 남극의 자연환경

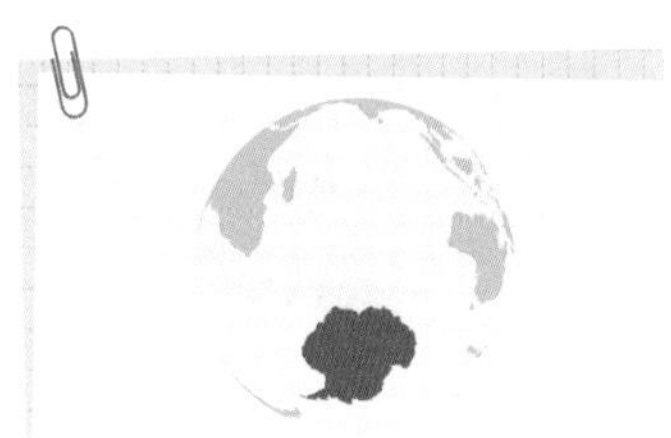

북극과 남극은 모두 태양에너지가 가장 적게 도달하는 극지방입니다. 그렇다면 둘 중 더 추운 곳, 다시 말해 지구에서 가장 추운 곳은 북극과 남극 중 어디일까요? 북극과 남극의 자연환경을 살펴보면 답을 알 수 있습니다.

북극과 남극의 위성 사진을 보면 확연히 다른 모습을 볼 수 있습니다. 가장 눈에 띄는 것은 북극은 바다이고, 남극은 대륙이라는 점입니다. 그래서 북극에는 빙하가 바다 위에 둥둥 떠다니는 모습이 나타나고, 남극에는 대륙 위에 거대한 빙하가 두껍게 쌓인 모습이 나타납니다.

우리가 많이 봤던 북극곰이 얼음 위에 있는 풍경은 북극의 얼음이 확장되었을 때 북극곰들이 주변 대륙에서 건너와 생활하는 모습입니다.* 반면 남극은 대륙이기 때문에 남극 자체에 땅의 기복이 있

북극과 남극의 위성 사진

고 산맥도 있습니다. 대륙 크기도 커서 아시아, 아메리카*, 아프리카에 이어 크기가 4번째로 큰 대륙입니다. 남극의 평균 해발고도는 2,500m에 육박하는데 모든 대륙 중에서 평균 해발고도가 가장 높은 곳이기도 합니다.

일반적으로 고도가 올라갈수록, 그리고 바다보다 육지의 영향을 많이 받을수록 기온은 낮아지는 경향을 보입니다. 따라서 육지로 이루어져 있고 해발고도도 높은 남극이 북극보다 훨씬 춥고, 지구에서 가장 기온이 낮은 곳입니다.

북극은 바다, 남극은 육지이기 때문에 영유권을 주장하는 국가들이 서로 다릅니다. 북극해를 접하고 있는 국가들은 영해와 EEZ*를 근거로 각자 북극해의 영유권을 주장합니다. 반면 대륙인 남극은 영

- 12월이 되고 북반구에 겨울이 찾아오면 북극의 빙하 면적이 넓어집니다. 이때 주변 대륙과 빙하가 이어지고 북극곰들이 빙하를 통해 다른 땅으로 횡단할 수 있습니다.
- 북아메리카, 남아메리카를 모두 합한 크기를 말합니다.

유권이 존재하려면 어떤 나라의 영토여야 하는데, 남극에는 살고 있는 사람이 없습니다. 남극에 있는 사람들은 과학 연구 목적으로 잠시 거주하는 것뿐이지 이곳에서 삶을 영위하고 있는 것은 아니지요. 게다가 남극은 보호해야 할 희귀 생물과 자연환경이 많아 과학 연구지로서 가치가 매우 높은 땅입니다.

그래서 전 세계 국가들은 남극의 소유권을 주장하기보다 다 같이 보호하고 과학 연구 목적으로만 이용하기로 조약을 맺었습니다. 이를 남극조약이라고 합니다. 남극조약에 의해 남극은 어떤 국가도 소유할 수 없는 중립 지대로 선포되었습니다.

● EEZ(배타적 경제 수역)은 바다에서 한 나라의 경제적 영향력이 미치는 곳을 정해둔 것입니다. 즉 자원을 채취하거나 어업을 자유롭게 할 수 있는 곳이라고 생각하면 됩니다. 배타적 경제 수역에서 해당 국가 이외의 다른 나라들은 경제 활동을 할 수 없습니다.

북극이 녹으면 오히려 좋다고?

교통의 요충지가 된 북극

지구 온난화 문제는 시간이 지날수록 점점 심해지고 있습니다. 인류는 지구 온난화를 막으려 2015년 파리 협정을 통해 탄소 중립을 선언하고 대체 에너지 개발에 힘쓰고 있습니다.

그러나 이런 노력에도 불구하고 지구의 평균 기온은 점차 오르고 있고, 북극과 남극의 빙하는 빠르게 녹아내리고 있습니다. 빙하가 녹는 만큼 해수면도 점점 상승하는 추세라 많은 사람이 우려하고 있지요.

하지만 북극이 녹는 것이 오히려 호재로 작용하는 산업 분야도 있는데, 바로 해운 산업입니다. 북극의 빙하가 녹으면서 최단 경로로 이동할 수 있는 새로운 항로가 생겨났기 때문입니다.

원래 유럽에서 아시아로 가장 빠르게 가는 뱃길은 아프리카 최남단까지 내려가 크게 빙 돌아서 도착하는 경로였습니다. 그러다 이

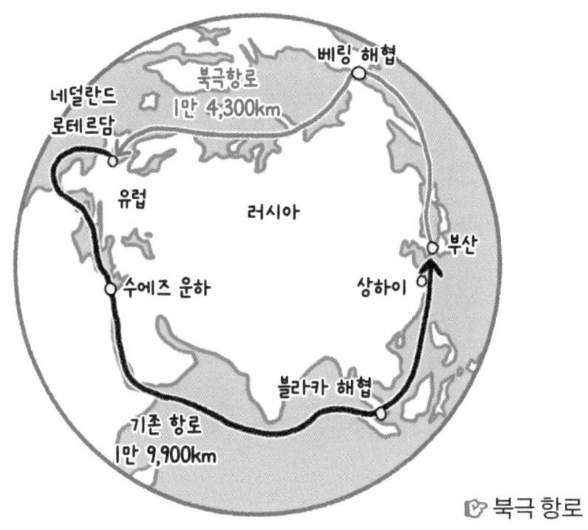

북극 항로

집트 지역에 수에즈 운하가 생기고 나서는 이곳으로 이동하는 방법이 최단 경로가 되었지요.

기업 입장에서 생산 단가를 낮추려면 제품 운송에 소요되는 시간과 운송 비용을 최대한 줄여야 합니다. 그런데 북극의 빙하가 녹으면서 유럽과 아시아를 이어주는 최단 해상 경로가 생겨난 것입니다.

이 항로를 이용하면 물류비를 기존보다 약 30% 이상 절감할 수 있다고 합니다. 현재 수에즈 운하 항로로는 약 24일 걸리는 일정이 북극 항로를 통하면 약 14일로 크게 줄어든다는 분석도 있습니다. 옛날 사람들도 이 사실을 알고 있었기 때문에 과거에 이미 북극해를 가로질러 이동하려는 시도가 있었습니다. 바로 쇄빙선*으로 이동하는 것이었지요.

* 전방에 있는 얼음을 부수면서 이동하는 배를 의미합니다.

하지만 쇄빙선은 크기도 제한적이었고, 화물에 손상이 갈 수 있었기 때문에 군사적 목적 같은 특수한 상황이 아닌 이상 널리 사용되기는 어려웠습니다. 최근에는 상황이 달라져 지구 온난화로 북극의 빙하가 녹으면서 쇄빙선이 아닌 일반 화물선도 자유롭게 이동할 수 있게 되었습니다.

북극 항로가 개척되면 유럽과 아시아가 무역을 할 때 가장 동쪽에 있는 부산이 세계적인 해상 요충지로 떠오를 것이라는 전망이 있어 우리나라도 관심을 갖고 있습니다.

러시아, 북아메리카, 유럽의 최단 항로도 개척되는 것이다 보니 이로 인한 경제 효과가 어마어마할 것이라 기대하고 있지요. 하지만 경제적 이점과는 별개로, 이 모든 항로가 지구 온난화로 인해 형성되었다는 것이 안타깝고 씁쓸할 뿐입니다.

남극 하늘에 생긴 거대한 구멍

오존층 파괴

1985년 미국 NASA의 인공위성이 남극 상공에 뚫린 거대한 구멍을 발견했습니다. 이 구멍의 정체는 바로 커다랗게 뚫린 오존층이었는데, 이 발견은 전 세계 사람들을 깜짝 놀라게 했습니다.

오존층은 지상에서 20~30km 정도 떨어진 상공에 존재하는 층인데, 태양으로부터 오는 자외선의 양을 줄여주는 역할을 합니다. 자외선은 인간뿐만 아니라 동식물에도 치명적이기 때문에 자외선의 양이 많아지면 수많은 문제가 일어나게 됩니다. 이런 오존층에 거대한 구멍이 뚫린 것이 발견되었으니 전 세계가 충격받을 수밖에 없었지요.

학자들이 오존층 파괴의 원인을 분석한 결과 프레온 가스라고도 불리는 염화 불화 탄소(CFCs)가 가장 대표적인 오존층 파괴 물질이라는 것을 밝혀냈습니다. 그래서 이 염화 불화 탄소를 줄일 환경

협약이 만들어졌습니다. 이 협약이 바로 1987년에 채택된 몬트리올 의정서입니다.

염화 불화 탄소, 즉 프레온 가스는 냉장고와 에어컨의 냉매, 스프레이, 소화기 분무제에 주로 사용되었습니다. 이 프레온 가스가 점차 다른 물질로 대체되었고, 염화 불화 탄소 사용량도 매우 줄어들었지요. 그러면서 실제로 오존층이 회복되는 모습이 관찰되었습니다. 몬트리올 의정서에 따른 전 세계의 노력이 성과를 본 것입니다. 최근에는 파괴된 오존층 대부분이 복구되었다는 의견도 있습니다.

만약 오존층 파괴를 그저 관망하고 있었다면, 자외선의 양이 늘어나 지구 온난화가 지금보다 훨씬 빨라지는 것은 물론 자외선으로 인한 각종 문제들이 발생했을 것입니다. 다행히 오존층 파괴 물질의 사용을 비교적 빠르게 규제하고 이를 적극적으로 실천한 덕분에 미래에 발생할 재앙을 막을 수 있었지요.

많은 단체가 시민들이 환경 문제에 관심을 가져야 한다고 주장합니다. '관심을 가진다고 해서 뭐가 바뀌겠어?'라고 생각할 수도 있지만, 우리 모두가 관심을 갖고 노력한다면 충분히 실제로 변화를 일으킬 수 있습니다.

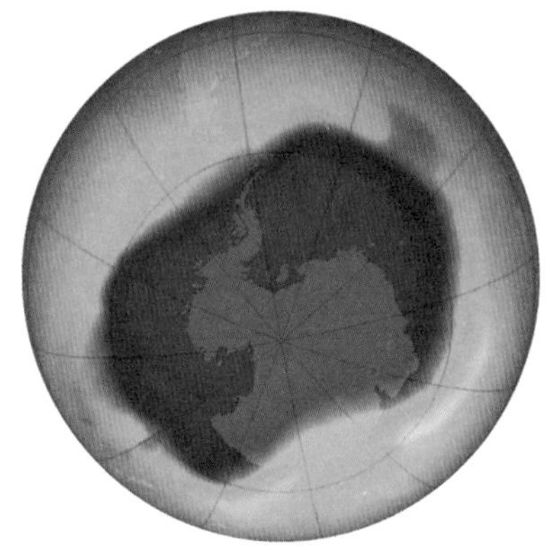

오존층 구멍 사진

지구 온난화로 사라질 위기에 처한 동물들과 터전

환경 문제와 지구 온난화

온실효과•로 지구의 평균 온도가 점차 상승하는 것을 지구 온난화라고 합니다. 지구 온난화는 크게 자연적 요인과 인위적 요인에 의해 진행됩니다.

먼저 자연적 요인을 살펴보겠습니다. 지구는 먼 옛날부터 빙하기와 간빙기•를 반복해 왔습니다. 지금은 평균 기온이 점점 올라가는 간빙기에 진입하고 있는 시기라고 생각하면 됩니다. 이러한 빙하기와 간빙기가 반복되는 이유로는 크게 세 가지를 꼽습니다.

첫 번째는 지구 자전축 때문입니다. 지구의 자전축은 23.5° 기울

- 그린하우스 이펙트(the greenhouse effect)라고도 불리며, 비닐하우스(온실)가 따뜻하게 유지되는 것처럼 지구의 온도가 점점 따뜻해지는 것을 의미합니다.
- 빙하기와 빙하기 사이에 있는 시기라는 뜻으로, 빙하기가 지구의 평균 기온이 낮아진 상태를 의미한다면 간빙기는 지구의 평균 기온이 높아진 상태를 의미합니다.

어져 자전과 공전을 합니다. 이 자전축이 변화하면서 지구가 태양에너지를 받는 양이 계속 달라지고, 이에 따라 기온이 낮아지거나 높아지는 것입니다.

두 번째는 지축의 세차운동 때문입니다. 세차운동이란 어떤 회전축으로 회전하는 물체가 있을 때 그 회전축 역시 고정되어 있지 않고 함께 회전하는 운동을 가리킵니다.

마지막 세 번째는 지구의 공전 궤도 변화입니다. 지구가 태양을 도는 공전 궤도는 일정하지 않기 때문에 태양과의 거리가 가까워지거나 멀어지는 때가 생깁니다. 이에 따라 빙기와 간빙기가 반복된다는 것입니다.

이 밖에도 여러 가설과 이론이 있지만, 지금까지 설명한 세 가지가 간빙기와 빙하기를 반복하는 대표적인 원인으로 지목됩니다. 쉽게 말해 인간이 개입하지 않아도 지구의 평균 기온은 원래 오르락내리락했다는 것이죠.

지구의 세차운동

하지만 현재 평균 기온이 상승하는 속도는 자연적으로 올라가는 것보다 훨씬 더 빠릅니다. 그 이유가 바로 인간에 의한 인위적 요인 때문으로, 대표적인 것이 바로 온실가스입니다. 인간이 화석에너지(석유, 석탄, 천연가스 등)를 사용하면서 대량으로 생겨난 온실가스는 지구의 평균 온도를 훨씬 가파르게 높였습니다.

이 때문에 현재 지구 곳곳에 많은 변화가 일어났습니다. 남극과 북극, 고산 지대에 있는 만년설과 빙하들이 녹아 지구의 평균 해수면이 점차 높아지고 있습니다. 난대성 식물의 북한계선은 점차 고위도로 확대되고 있고, 한대성 식물의 재배 한계는 점점 줄어들면서 생태계 자체가 변화하고 있기도 하지요.

가장 직접적인 문제는 자연재해와 기상 이변이 점점 잦아지고 그 규모도 커지고 있다는 것입니다. 매년 여름에 뉴스를 보면 '○○년 이후 가장 강한 태풍', '○○년 이후 최고 기온 갱신' 같은 표현을 쉽게 볼 수 있습니다. 전 세계적으로도 이상 기후가 매우 자주 발생하고 있지요.

지구 온난화로 해수면이 상승하면서 침수 위기에 놓인 지역들도 점점 늘어나고 있습니다. 이들은 곧 기후 난민이 되어 나라를 잃고 떠나야 하는 운명에 처했습니다. 생태계 혼란과 강력한 자연재해 역시 수많은 피해를 누적하고 있습니다.

앞서 몬트리올 의정서 채택으로 오존층 파괴 위기를 극복한 사례를 살펴보았습니다. 지구 온난화로 인한 기후 변화 역시 전 세계 국가가 함께 모여 협약을 맺어 극복하고자 했습니다. 가장 대표적인 기후 변화 협약이 1997년 맺은 교토 의정서입니다.

교토 의정서에 따라 여러 국가가 모여 이산화 탄소를 비롯한 온실가스 배출을 줄이기로 합의했습니다. 하지만 여기서 결정적인 실수가 있었는데, 당시 이 협약을 맺은 국가들이 선진국 위주였다는 것입니다. 중국이나 인도 등의 신흥 공업국과 개발도상국은 대부분 포함되지 않았지요.

이러면 선진국들이 협약에 따라 온실가스 배출을 줄인다고 해도 개발도상국들의 배출량을 줄일 명분이 없었기 때문에 과연 효과가 있는 것이냐는 지적이 나왔습니다. 교토 의정서에서 합의한 내용은 2020년까지 적용되었습니다. 그래서 2020년 이후의 기후 변화에 대응하기 위해 2015년 파리에서 새로운 협약을 맺었는데, 이것이 파리 협정입니다.

파리 협정은 기존 교토 의정서의 단점들을 보완했습니다. 과거 교토 의정서에서는 선진국들만 협약에 참여했다면, 파리 협정에서는 모든 국가가 참여하는 것을 전제로 합니다. 그리고 파리 협정은 종료 시점이 따로 없고 온실가스 배출량이 0이 될 때까지 유효한 것으로 정했습니다. 파리 협정을 계기로 많은 국가가 친환경 에너지에 더욱 관심을 갖고 관련 산업에 집중적으로 투자하기도 했습니다.

이미 우리는 지구 온난화가 불러온 많은 변화를 실제로 체감하고 있습니다. '나만 아니면 돼'라는 생각보다 '나부터 함께하자'라는 생각이 지구 온난화로 인한 기후 변화를 막는 가장 빠른 길이 아닐까요?

참고 문헌

- 《McKnight의 자연지리학》(제12판), Darrel Hess 저, 윤순옥·김영훈·김종연·다나카 유키야·박경·박병익·박정재·박지훈·박철웅·박충선·이광률·최광용·최영은·황상일 역, 시그마프레스, 2019년
- 《개념과 지역 중심으로 풀어 쓴 세계지리》(제5판), H. J. Blij·Peter O. Muller·Jan Nijman·Antoinette M. G. A WinklerPrins 저, 지리교사모임 지평 역, 시그마프레스, 2016년
- 《도시공간구조론》(제2판), 남영우 저, 법문사, 2015년
- 《도시해석》(개정판), 손정렬·박수진 외 저, 푸른길, 2019년
- 《세계문화지리》, 류제헌 편, 살림출판사, 2002년
- 《세계지리: 경계에서 권역을 보다》, 전종한·김영래·홍철희·장의선·한희경·최재영·천종호·노재윤 저, 사회평론, 2015년
- 《지리학》, 이승호 저, 푸른길, 2022년

찾아보기

ㅇ

ㅈ

ㅊ

ㅋ

ㅌ

ㅍ

ㅎ

사진 출처
16쪽, 17쪽 : Strebe, Wikimedia Commons
30쪽 : Thesevenseas, Wikimedia Commons
105쪽, 109쪽, 121쪽, 136쪽, 156쪽, 275쪽 : Relief Map ⓒ OpenStreetMap
123쪽, 161쪽, 186쪽, 220쪽, 224쪽, 233쪽, 241쪽, 252쪽, 271쪽, 283쪽, 288쪽 : ⓒ Google Earth
124쪽 : Prosthetic Head, Wikimedia Commons / Ivan Sabljak, Wikimedia Commons
210쪽 상단 : Pontificia Universidad Católica de Chile, Wikimedia Commons / quemaoviejo.com
216쪽 : ⓒ ESA
248쪽 : Darknight95x45x, Wikimedia Commons
294쪽 : ⓒ NASA

읽자마자 보이는 세계지리 사전

1판 1쇄 펴낸 날 2025년 1월 10일

지은이 이찬희
일러스트 은옥
주간 안채원
책임편집 윤성하
편집 윤대호, 채선희, 장서진
디자인 김수인, 이예은
마케팅 함정윤, 김희진

펴낸이 박윤태
펴낸곳 보누스
등록 2001년 8월 17일 제313-2002-179호
주소 서울시 마포구 동교로12안길 31 보누스 4층
전화 02-333-3114
팩스 02-3143-3254
이메일 bonus@bonusbook.co.kr
인스타그램 @bonusbook_publishing

ISBN 978-89-6494-733-3 03980

• 책값은 뒤표지에 있습니다.

읽자마자 시리즈

읽자마자 수학 과학에
써먹는 단위 기호 사전
이토 유키오·
산가와 하루미 지음
208면

읽자마자 IT 전문가가 되는
네트워크 교과서
아티클 19 지음
176면

읽자마자 원리와 공식이
보이는 수학 기호 사전
구로기 데쓰노리 지음
312면

읽자마자 과학의 역사가
보이는 원소 어원 사전
김성수 지음
224면

읽자마자 우주의 구조가
보이는 우주물리학 사전
다케다 히로키 지음
200면

읽자마자 이해되는
열역학 교과서
이광조 지음
248면

읽자마자 문해력 천재가
되는 우리말 어휘 사전
박혜경 지음
256면

읽자마자 보이는
세계지리 사전
이찬희 지음
304면

포텐 시리즈

이런 수학이라면
포기하지 않을 텐데
신인선 지음 | 256면

이런 물리라면
포기하지 않을 텐데
이광조 지음 | 312면

이런 철학이라면
방황하지 않을 텐데
서정욱 지음 | 304면

이런 화학이라면
포기하지 않을 텐데
김소환 지음 | 280면